KB263526

국내외 미세먼지관련 산업분석보고서 2022개정판

저자 비피기술거래 비피제이기술거래

㈜ 비티타임즈

<h1 style="text-align:center"><제목 차례></h1>

1. 서론 ·· 1

2. 미세먼지 개요 ·· 2
　가. 미세먼지의 정의 ·· 2

　나. 미세먼지의 성분 ·· 4

　다. 미세먼지 발생원 ·· 5

　라. 미세먼지의 측정 ·· 8
　　1) 베타선 흡수법 ·· 8
　　2) 광산란법 ·· 10

　마. 미세먼지의 위험성 ·· 12
　　1) 건강에 미치는 영향 ·· 12
　　2) 농작물과 생태계에 미치는 영향 ·· 18
　　3) 산업활동에 미치는 영향 ·· 18

3. 주요국별 미세먼지 기준과 국내 오염 현황 ····························· 19
　가. 주요국 대기환경 기준 ·· 19

　나. 국내 오염 현황 ·· 20

4. 국내외 미세먼지 연관시장 전망 ··· 22
　가. 환경 모니터링 시장 ·· 22
　　1) 세계 시장 ·· 22
　　2) 국내 시장 ·· 26

　나. 대기 환경 시장 ·· 28
　　1) 세계 시장 ·· 28
　　2) 국내 시장 ·· 30

　다. 공기청정기 시장 ·· 31
　　1) 세계 시장 ·· 32

　　　2) 국내 시장 ··· 34

　라. 의류건조기 시장 ··· 36
　　　1) 세계 시장 ··· 36
　　　2) 국내 시장 ··· 39

　마. 진공청소기 시장 ··· 41
　　　1) 세계 시장 ··· 41
　　　2) 국내 시장 ··· 43

　바. 마스크 시장 ··· 44
　　　1) 세계 시장 ··· 44
　　　2) 국내 시장 ··· 46

5. 미세먼지 관련 기술 동향 ·· **46**
　가. 대기 환경 측정 및 모니터링 시스템 ······························· 46
　　　1) 기술 동향 ··· 48

　나. 에어가전 ··· 52
　　　1) 세계 기술 동향 ·· 54
　　　2) 국내 기술 동향 ·· 59

　다. 대기환경 센서 ··· 62

　라. 미세먼지 저감 기술 ·· 64
　　　1) 미세먼지 예보제 ·· 64
　　　2) 국내외 기술 동향 ·· 68

6. 미세먼지 기업동향 ·· **65**
　가. 해외기업 ··· 65
　　　1) SHARP ·· 65
　　　2) AirVisual ·· 66
　　　3) Dyson ··· 67
　　　4) Electrolux ··· 68

　나. 국내기업 ··· 69
　　　1) 삼영에스앤씨 ··· 69

   2) LG전자 ··· 70

   3) 삼성전자 ··· 72

7. 국내외 미세먼지 정책 동향 ································· **74**

  가. 국외 동향 ··· 74

  나. 국내 동향 ··· 74

8. 국내 미세먼지 관련 R&D 동향 ························· **79**

  가. 정부 R&D 투자 ·· 79

  나. SCI 논문 ·· 83

  다. 연구 주제 변화 ··· 87

  라. 시민인식 조사 ··· 89

  마. 언론 트렌드 분석 ·· 91

9. 참고문헌 ··· **95**

01

서론

1. 서론

[그림 1] 미세먼지 (출처: SBS)

 몇 년 전까지만 해도, 대부분의 사람들은 외출 전 온도와 강수예보를 살펴보았다. 하지만 최근들어 미세먼지가 심각해지면서 우리는 심심치 않게 미세먼지에 관련된 뉴스와 예보를 다양한 미디어를 통해 접하고 있다.

 이처럼 이제 미세먼지는 우리와 떼어놓을 수 없는 존재가 되었다고해도 무방하다. 우리가 미세먼지를 이처럼 신경쓰는 이유는 무엇일까? 미세먼지는 단지 작은 먼지로 끝나는 것이 아니라, 작은 크기로 인해 쉽게 인체로 흡수되고, 이는 다양한 질병을 야기한다.

 이로인해 공기청정기는 가정 필수품이라고 소개되며 큰 판매율을 보이고 있으며, 미세먼지 마스크 또한 날개달린 듯 팔리고 있다. 이처럼 미세먼지가 심각한 사회적인 문제로 대두되면서 이와 관련된 다양한 산업들이 주목을 받고있으며, 큰 성장률을 보이고 있다.

 본 보고서에서는 이러한 산업을 분석하기 위해 미세먼지의 정의부터 이와 연관된 다양한 시장의 전망을 살펴보고, 관련 기술과 기업 정책을 살펴보도록 하겠다.

02

—

미세먼지 개요

2. 미세먼지 개요[1]

가. 미세먼지의 정의

미세먼지에 대해서 살펴보기 이전에, 먼저 먼지에 대해서 살펴보도록 하자. 먼지란 대기 중에 떠다니거나 흩날려 내려오는 입자상 물질을 말하는데, 석탄·석유 등의 화석연료를 태우는 경우나 공장·자동차 등의 배출가스에서 많이 발생한다.

먼지는 입자의 크기에 따라 나눌 수 있는데, 크기가 50㎛ 이하인 총먼지(Total Suspended Particles)와 입자크기가 매우 작은 미세먼지(Particulate Matter)로 구분할 수 있다.

여기에서 미세먼지는 다시 한번 지름이 10㎛보다 작은 미세먼지(PM_{10})와 지름이 2.5㎛보다 작은 미세먼지($PM_{2.5}$)로 나뉜다. 그렇다면 미세먼지는 도대체 얼마나 작은것일까? PM_{10}이 사람의 머리카락 지름(50~70㎛)보다 약 1/5~1/7 정도로 작은 크기라면, $PM_{2.5}$는 머리카락의 약 1/20~1/30에 불과할 정도로 매우 작다.

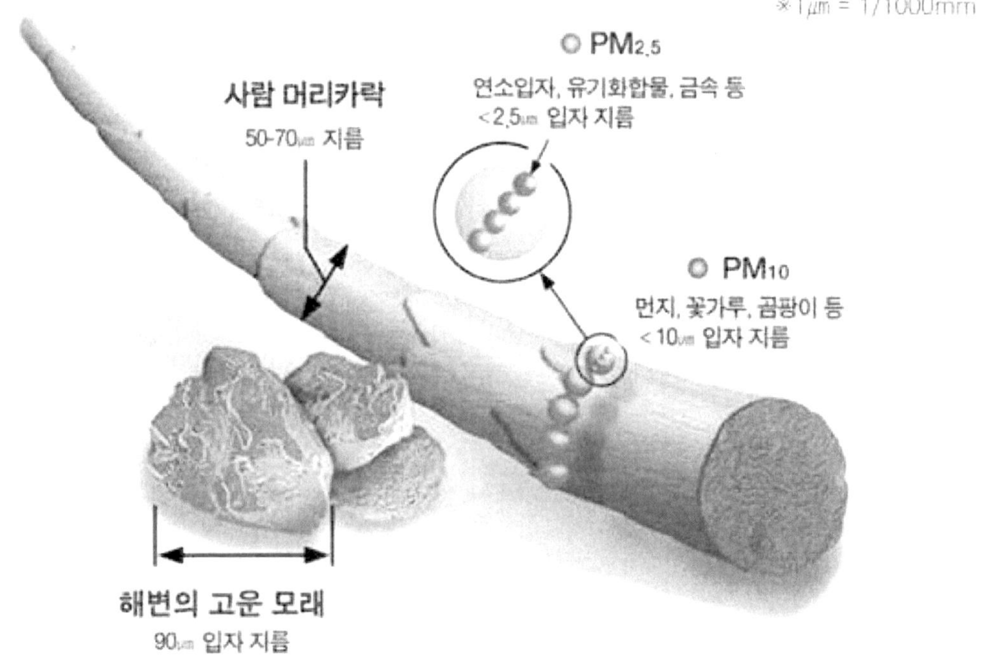

[그림 2] 미세먼지 크기 비교

---

1) 미세먼지, 도대체 뭘까?, 환경부, 2016.04

이처럼 미세먼지는 눈에 보이지 않을 만큼 매우 작으므로 호흡기를 거쳐 폐 등에 침투하거나 혈관을 따라 체내로 이동하여 건강에 나쁜 영향을 미칠 수 있다. 따라서 세계보건기구(WHO)는 미세먼지(PM_{10}, $PM_{2.5}$)에 대한 대기질 가이드라인을 1987년부터 제시해 왔으며, 2013년에는 세계 보건기구 산하의 국제암연구소(International Agency for Research on Cancer)에서 미세먼지를 사람에게 발암이 확인된 1군 발암물질(Group 1)로 지정했다.

국제암연구소(IARC)에 따른 발암물질 분류		
구분	주요 내용	예시
1군(Group 1)	인간에서 발암성이 있는 것으로 확인된 물질	석면, 벤젠, 미세먼지
2A군(Group 2A)	인간에서 발암성이 있을 가능성이 높은 물질	DDT, 무기납화합물
2B군(Group 2B)	인간에서 발암성이 있을 가능성이 있는 물질	가솔린, 코발트
3군(Group 3)	발암성이 불확실하여 인간에서 발암성이 있는지 분류하는 것이 가능하지 않은 물질	페놀, 톨루엔
4군(Group 4)	인간에서 발암성이 없을 가능성이 높은 물질	카프로락탐

[그림 3] 발암물질 분류

나. 미세먼지의 성분

 미세먼지를 이루는 성분은 미세먼지가 발생한 지역, 계절, 기상조건에 따라 달라질 수 있다. 하지만 일반적으로는 대기오염물질이 공기중에서 반응하여 형성된 덩어리(황산염, 질산염 등)과 석탄·석유 등 화석연료를 태우는 과정에서 발생하는 탄소류와 검댕, 지표면 흙먼지 등에서 생기는 광물등으로 구성된다.

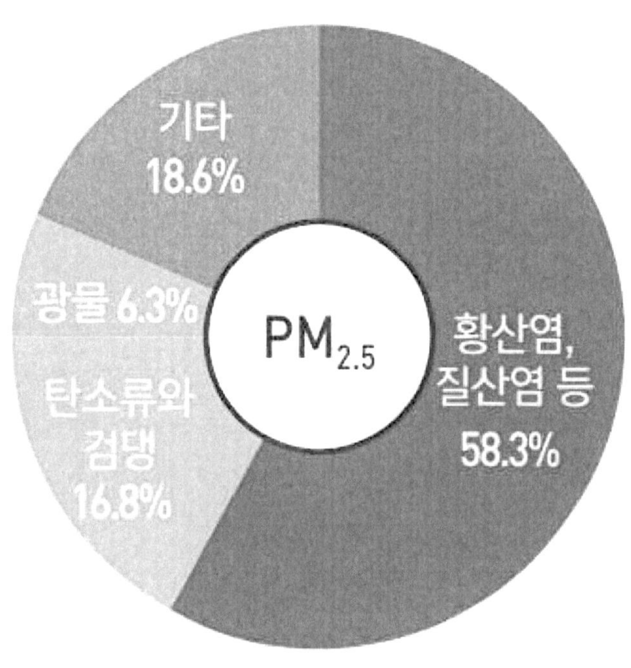

[그림 4] 미세먼지 성분 구성(%)

 이를 뒷받침하듯이, 전국 6개 주요지역에서 측정된 미세먼지의 구성비율은 대기오염물질 덩어리(황산염, 질산염)가 58.3%로 가장 높았고, 탄소류와 검댕이 16.8%, 광물이 6.3% 순으로 나타났다.

다. 미세먼지 발생원

 미세먼지는 어떻게 생기는 것일까? 미세먼지의 발생원은 크게 자연적인 것과 인위적인 것으로 구분할 수 있다.

 먼저, 자연적 발생원은 흙먼지, 바닷물에서 생기는 소금, 식물의 꽃가루 등이 있고, 인위적 발생원은 보일러나 발전시설 등에서 석탄ㆍ석유 등 화석연료를 태울 때 생기는 매연, 자동차 배기가스, 건설현장 등에서 발생하는 날림먼지, 공장 내 분말형태의 원자재, 부자재 취급공정에서의 가루성분, 소각장 연기 등이 있다.

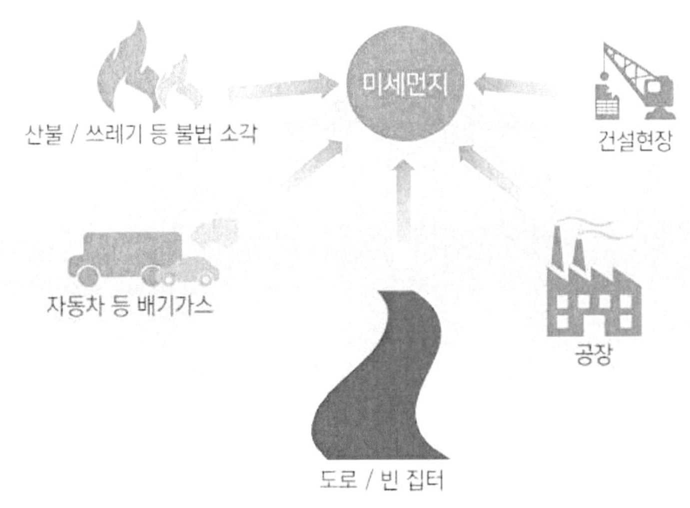

[그림 5] 미세먼지의 1차 발생원

 또한, 미세먼지는 굴뚝 등 발생원에서부터 고체 상태의 미세먼지로 나오는 경우(1차적 발생)와 발생원에서는 가스 상태로 나온 물질이 공기 중의 다른 물질과 화학반응을 일으켜 미세먼지가 되는 경우(2차적 발생)로 나누어 질 수 있다.

 석탄ㆍ석유 등 화석연료가 연소되는 과정에서 배출되는 황산화물이 대기 중의 수증기, 암모니아와 결합하거나, 자동차 배기가스에서 나오는 질소산화물이 대기 중의 수증기, 오존, 암모니아 등과 결합하는 화학반응을 통해 미세먼지가 생성되기도 하는데 이것이 2차적 발생에 속한다.

 2차적 발생이 중요한 이유는 수도권만 하더라도 화학반응에 의한 2차 생성 비중이 전체 미세먼지($PM_{2.5}$) 발생량의 약 2/3를 차지할 만큼 매우 높기 때문이다.

[그림 6] 미세먼지의 2차 발생원

대기오염물질인 휘발성 유기화합물, 질소산화물, 황산화물 등이 미세먼지로 전환되는 과정을 살펴보면 다음과 같다. 먼저 자동차 배기가스, 주유소 유증기 등에 많이 포함된 휘발성 유기화합물(VOCs)은 반응성이 강한 물질(OH, O_3 등)과 화학반응을 일으켜 2차 유기입자(Secondary Organic Particles)가 된다.

또한 각종 연소과정에서 발생한 질소산화물(NO, NO_2)은 대기 중 오존(O_3) 등과 반응해 산성물질인 질산(HNO_3)을 생성하고, 이는 대기 중 알카리성 물질인 암모니아(NH_3)와 반응하여 질산암모늄(NH_4NO_3)이 된다.

이 질산암모늄(NH_4NO_3)이 바로 입자상 물질로서 2차적 미세먼지이며, 아울러 아황산가스(SO_2)는 수증기 등과 반응하여 황산(H_2SO_4)이 되고, 이는 다시 암모니아 등과 반응하여 황산암모늄($(NH_4)_2SO_4$) 등 미세먼지 입자를 생성한다.

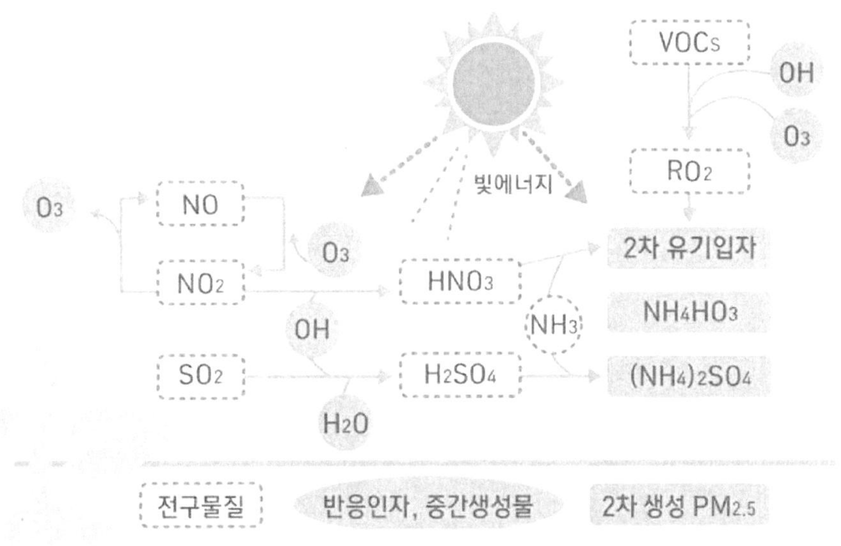

[그림 7] 미세먼지(PM2.5) 2차 생성과정

발생원 분류		발생원 종류
인위적 요인	고정발생원	난방, 산업, 발전 등
	이동발생원	자동차 매연 및 타이어 마모
	기타	공사장 비산먼지, 노천 소각 등
자연적 요인		안개, 화재, 황사, 화산폭발, 토양풍식 등
기타 요인		2차 반응에 의한 황산염, 질산염 생성

[표 1] 미세먼지 발생원의 분류

라. 미세먼지의 측정

현재 미세먼지 농도는 전국의 300여개 측정소에서 측정되어 '실시간 대기오염 정보공개시스템(www.airkorea.or.kr)' 등을 통해 공개하고 있다. 또한 수도권, 백령도, 남부권, 중부권, 영남권, 제주도 등 6개 지역에서는 황사 등 장거리이동 대기오염물질의 성분을 정밀조사하고 있다.

그렇다면 미세먼지는 어떻게 측정되는 것일까?

미세먼지의 농도를 측정하는 방법에는 방사선 또는 빛의 물리적 특성을 이용하여 간접적으로 측정하는 방법(베타선 흡수법, 광산란법 등)과 미세먼지의 질량을 저울로 직접(수동) 측정하는 방법(중량농도법)이 있다.

이렇게 측정된 미세먼지 농도는 공기 $1㎥$ 중 미세먼지의 무게(백만분의 $1g$을 의미하는 $㎍$)를 나타내는 $㎍/㎥$ 단위로 표시한다.

1) 베타선 흡수법

베타선 흡수법을 살펴보기 이전에, 베타선이 무엇인지 살펴보도록 하자. 베타선은 방사성 물질에서 방출되는 전자의 흐름으로, 알파선보다 투과력이 강하기 때문에 얇은 종이로는 차폐할 수 없고, 에너지가 클 경우에는 피부 조직에도 손상을 줄 수 있다. 따라서 차폐체로는 베타선의 에너지에 따라 적당한 두께의 플라스틱 또는 금속판을 사용한다.

베타선 흡수법은 실시간 자동측정법으로서 베타선을 방출하는 베타선원으로부터 조사된 베타선이 필터 위에 채취된 먼지를 통과할 때 흡수되는 베타선의 상대적인 세기를 측정하여 포집된 미세먼지의 질량농도를 측정하는 방법이다. 이때, 베타선이 고체물질을 통과하여 감쇠하는 양이 고체물질의 질량에 지수적으로 비례한다는 Bouguer(Lamport-Beer) 법칙을 이용한다.

베타선 흡수법은 자동측정이 가능하고 쉽고 편하다는 장점이 있지만, 일정시간 입자포집 시간이 필요하기 때문에 실시간 측정이 불가능하다는 단점이 있다. 현재 이용되는 베타선 흡수법은 기기 측정법의 한계 때문에 최소 1시간 단위로 측정이 가능하고, 포집 후 농도를 측정하기 때문에, 짧은 시간에 수시로 변화는 환경을 모니터링 하기 위한 목적으로는 부적절 하다.

베타선 흡수법은 먼저, 장치로 대기오염물질이 진입하면, 충돌판을 통해 일정 크기 이상의 먼지를 제거한 후, 마지막에 쌓인 먼지에 베타선을 비춘 후, 흡수율을 계산하고 이를 통해 미세먼지 농도를 산출한다.

이때, 1㎥당 미세먼지 농도 산출을 시간 단위로 반복해 평균을 내면, 평균 미세먼지 농도 데이터가 나오게 된다. 측정하고자하는 먼지의 크기에 따라 충돌판을 추가하면, 다양한 크기의 먼지의 농도를 측정할 수 있다.

다음 그림은 미세먼지를 측정하기 위한 베타선 흡수법의 원리를 나타내었다.

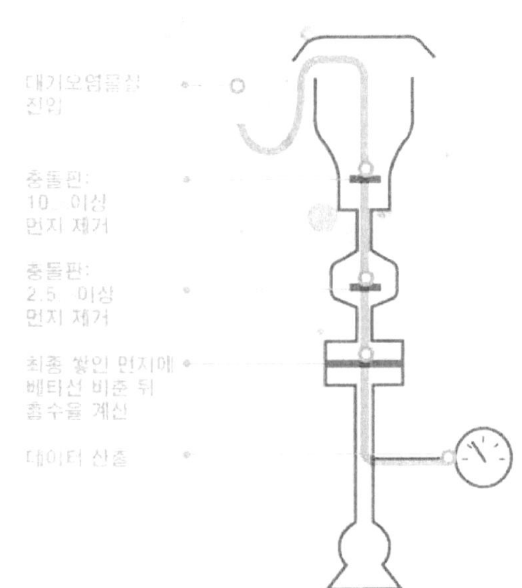

[그림 8] 베타선 흡수법을 이용한 미세먼지 농도 측정

이때, 정부에서 운영하는 측정소의 미세먼지 측정기에는 공기흡입구에 임팩터(Impactor)와 히터가 장착되어 있다. 임팩터는 원하는 크기의 먼지만 통과하도록 하는 충돌판의 역할을 하고, 히터는 미세먼지에서 습기를 제거한다. 만약, 상대습도가 40% 이상이 되면 히터를 켜야 한다.

그렇다면 왜 정부에서 운영하는 측정소의 측정기에는 히터가 있는 것일까? 습도가 높아지면, 먼지는 습기를 흡수하여 크기가 커진다. 즉, 크기가 부풀려 지는 것이다. 크기가 2배가 커지게 되면, 다음에 배울 광산란법을 이용하는 경우 농도가 8배 늘어나게 된다. 따라서, 전 세계에서 공인된 미세먼지 측정방식에서는 반드시 히터를 사용하도록 되어있다.

2) 광산란법

 광산란법을 살펴보기 이전에, 먼저 광산란 방식의 원리를 살펴보도록 하자. 빛을 입자에 비추면 회절, 굴절, 반사되는 원리를 이용한 것이 바로 광산란법이다. 이때, 입자가 작으면 빛이 많이 산란되고, 입자가 크면 빛이 앞에 집중된다.

[그림 9] 입자 크기에 따른 빛의 산란

 따라서, 광산란법은 먼지가 지나가는 곳에 레이저 불빛을 비추고 이를 광학센서를 이용하여 회절, 굴절, 반사되는 정도를 센싱하여 크기별 입자의 개수를 세고 이를 이용하여 농도를 계산한다.

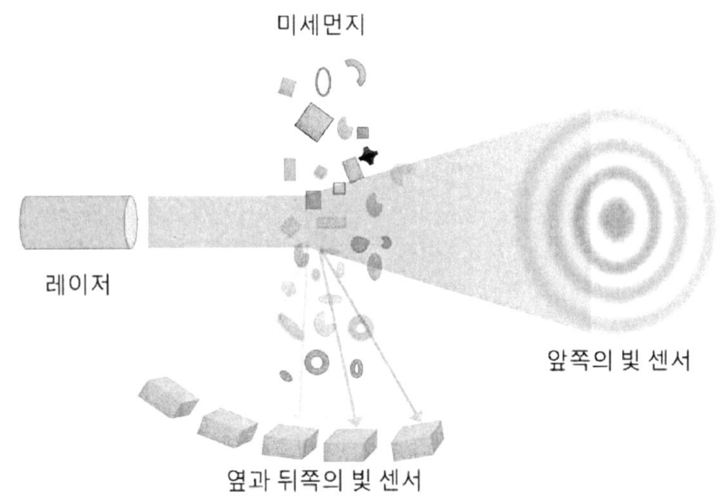

[그림 10] 광산란 측정기 내부 구조

 광산란법의 장점은 실시간 측정이 가능하고, 휴대가 용이하며, 한 개의 장치로 여러 크기의 미세먼지 농도를 측정할 수 있다는 것이다. 하지만, 입자의 개수 농도를 측정하기 때문에, 이를 질량 농도로 전환하는 과정에서 오차가 발생할 수 있다.

하지만, 오차가 발생할 수 있다는 단점은 있지만 휴대성이 좋기 때문에 간단한 휴대용 미세먼지 기기로 사용되기도 한다. 시중에서 만나볼 수 있는 많은 종류의 미세먼지 측정기기들 중에는 광산란법을 이용한 제품들이 많이 있다.

마. 미세먼지의 위험성[2]
1) 건강에 미치는 영향

사실, 우리가 학창시절 배웠던 내용에 따르면 먼지는 코털이나 기관지 점막에서 걸러져 배출된다. 하지만, 입자가 작은 미세먼지는 코, 구강, 기관지에서 걸러지지 못하고 우리 몸속까지 들어올 수 있다. 특히나 초미세먼지의 경우 허파꽈리 등 호흡기의 가장 깊은 곳까지 침투해 혈액에 흡수될 수 있기 때문에 더욱 위험하다. 이러한 이유로 세계보건기구(WHO)는 미세먼지 중 디젤에서 배출되는 BC(Black Carbon)을 1급 발암물질로 지정했다.

BC 이외에도 장기간 미세먼지에 노출되면 면역력이 급격히 저하되어 감기, 천식, 기관지염 등의 호흡기 질환은 물론, 심혈관 질환, 피부질환, 안구질환 등 각종 질병에 노출될 수 있다.

일단 미세먼지가 우리 몸속으로 들어오면 면역을 담당하는 세포가 먼지를 제거해 우리몸을 지키도록 작용하게 되는데, 이 때 부작용인 염증반응이 나타난다. 이때, 만약 이러한 염증반응이 기도, 폐, 심혈관, 뇌 등 우리 몸의 각 기관에서 발생하면 천식, 호흡기, 심혈관계 질환 등이 유발될 수 있다.

많은 사람들은 미세먼지에 대한 위험성이 최근에서야 대두되었다고 생각하지만, 사실 1980년대 후반부터 미세먼지의 인체영향에 대한 보고서가 발표되기 시작했고, 특히 1993년 발표된 '미국 6개 도시에서의 대기오염과 사망과의 관련성에 대한 연구'는 대기오염물질 중에서도 미세먼지가 사망률과 밀접한 관련성이 있는 것으로 보고하면서 미세먼지에 대한 환경보건학적 중요성을 강조했다.

이후 2000년 미국 20개 도시를 대상으로 1987년부터 1994년까지 미세먼지와 사망률과의 관련성에 대한 연구결과가 발표되었는데 이에 따르면 미세먼지의 농도가 10㎍/㎥ 증가할수록 전체 사망률이 0.51% 증가했고, 그중에서도 심혈관 및 호흡기계 질환으로 인한 사망은 0.68% 증가한 것으로 나타났다.

이외에도 2002년 미세먼지 장기 노출과 폐암 및 심혈관질환 사망률과의 관련성에 대한 논문이 발표되면서 미세먼지의 보건학적 중요성이 더욱 강조되었다. 본 연구에서는 120만명을 전향적으로 추적한 결과 미세먼지가 10㎍/㎥ 증가할 때마다 전체 사망 위험이 4% 증가하고, 심혈관계 사망은 6%, 암으로 인한 사망은 8% 증가하는 것으로 보고했다.

---

2) 미세먼지의 건강영향, 신동천, 연세의대 예방의학교실, 2006

이러한 역학연구의 결과는 미세먼지에 노출되는 것이 단순히 호흡기계에 영향을 주는 것이 아니라, 암과 심혈관계 질환 등과 같은 전신적인 질환과도 관련이 있음을 보여주는 것이라 할 수 있겠다.

우리나라에서도 1990년대 후반 일부 의학자와 보건학자에 의해 미세먼지의 건강영향에 관한 연구 결과가 보고되기 시작했으며, 고령자와 영·유아 등 민감집단을 대상으로 한 역학연구 결과가 지속적으로 보고되고 있다.

가) 대기오염 민감집단

일반적으로 환경노출 민감집단이란, 실외 및 실내의 환경 중 화학적, 물리적 인자에 노출되었을 때 건강한 일반인구집단보다 민감하게 독성영향이 나타나는 특정 인구집단을 의미한다.

이처럼 실내 및 대기오염, 특히 미세먼지 노출에 민감한 집단과 질병발생 위험이 높은 집단을 정확히 특정하기는 어렵지만, 대부분 고령자, 어린이, 만성질환을 앓고 있는 환자, 천식 환자 등이 대표적이라고 할 수 있다.

기관지에 미세먼지가 쌓이면 가래가 생기고 기침이 잦아지며 기관지 점막이 건조해지면서 세균이 쉽게 침투할 수 있어, 만성 폐질환이 있는 사람은 폐렴과 같은 감염성 질환의 발병률이 증가하게 된다.

질병관리본부에 따르면, 미세먼지 농도가 $10\mu g/m^3$ 증가할 때마다 만성 폐쇄성 폐질환(COPD)으로 인한 입원율은 2.7%, 사망률은 1.1% 증가한다. 특히 미세먼지 농도가 $10\mu g/m^3$ 증가할 때마다 폐암 발생률이 9% 증가하는 것으로 나타났다.

2009년 국립환경과학원과 인하대학교 연구팀이 미세먼지와 사망률과의 상관관계를 연구한 결과, 서울에서 미세먼지 농도가 m^3당 $10\mu g$ 증가할 때마다 대기오염 민감 집단의 사망률은 0.4% 증가하는 것으로 파악되었다.

초미세먼지의 영향은 더욱 커서 $10\mu g/m^3$ 증가할 때마다 민감집단의 사망률은 1.1% 증가하는 것으로 파악되었다. 하지만 최근 미세먼지로 인한 민감집단의 사망률은 이보다 더 높아질 수도 있다는 연구가 나오고 있는 추세이다.

따라서 호흡기 질환자는 우선 미세먼지에 장시간 노출되지 않도록 주의하는 것이 가장 중요하다. 만성 폐쇄성 폐질환(COPD) 환자는 미세먼지 농도가 '나쁨' 이상인 날 부득이하게 외출할 때에는 치료약물(속효성 기관지 확장제)을 준비하는 것이 좋다.

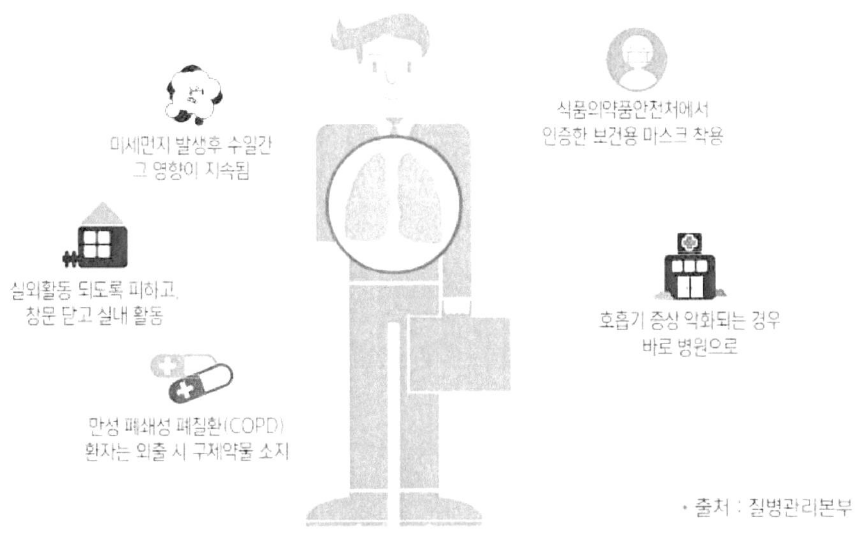

[그림 11] 호흡기 질환자의 미세먼지 대처

또한, 만성 호흡기 질환자가 마스크를 착용할 경우 공기순환이 잘 되지 않아 위험할 수 있다. 그러므로 식품의약품안전처에서 인증한 보건용 마스크 착용 여부를 사전에 의사와 상의하는 것이 바람직하고, 마스크 착용 후 호흡곤란, 두통 등 불편감이 느껴지면 바로 벗어야 한다.

미세먼지가 건강에 미치는 영향은 최대 6주까지 지속될 수 있다. 미세먼지에 노출된 후 호흡곤란, 가래, 기침, 발열 등 호흡기 증상이 악화될 경우에는 병원에 가는 것이 좋다.

나) 어린이

미세먼지는 기도에 염증을 일으켜 천식을 유발하거나 악화시킬 수 있다. 질병관리본부에 따르면, 미세먼지에 장기간 노출될 경우 폐 기능을 떨어뜨리고 천식조절에 부정적 영향을 미치며, 심한 경우에는 천식 발작으로 이어지기도 한다.

[그림 12] 천식환자의 미세먼지 대처

미세먼지가 '나쁨' 이상인 날에는 실외 활동을 자제하는 것이 바람직하다. 어린이 천식환자는 유치원이나 학교 보건실에 증상완화제를 맡겨 두어 필요한 경우 언제든 사용할 수 있도록 함이 좋다.

국내에서는 어린이를 대상으로 한 연구 결과가 지속적으로 발표되었다. 2003년 발표된 서울에서의 대기오염과 영아 사망과의 관련성에 대한 연구결과는 미세먼지에 노출된 어린이에게서 호흡기계 질환으로 인한 사망률이 유의하게 증가하였으며, 미세먼지가 42.9㎍/㎥ 증가하는 경우에 영아 사망률이 14.2%가 증가되는 연구결과로 이를 뒷받침 했다.

어린이는 폐 기능이 발달하는 단계기 때문에, 이 시기에 호흡기가 위험물질에 노출된다면, 성장 후 성인기의 폐 기능에도 영향을 미칠 수 있다. 2004년 캘리포니아 지역의 12개 학교 1,759명을 대상으로 10세부터 18세까지 8년동안 추적 조사를 시행한 결과, 대기오염물질에 많이 노출된 집단이 노출되지 않은 집단에 비해 폐기능이 낮을 가능성이 4.9배나 높은 것으로 나타났다.
이는 임신 중 흡연으로 인해 태아가 영향을 받은 것과 같은 정도로, 미세먼지가 폐기능에 얼마나 악영향을 끼치는지 알 수 있다.

또한 최근 발표되고 있는 연구결과에 따르면, 대기오염이 기준치 이하로 유지된다고 하더라도 어린이와 같은 민감한 집단에는 심각한 영향을 미칠 수 있다.

다) 기저질환자(당뇨, 심장혈관질환 등)

미세먼지는 크기가 매우 작아 폐포7)를 통해 혈관에 침투해 염증을 일으킬 수 있는데, 이 과정에서 혈관에 손상을 주어 협심증, 뇌졸중으로 이어질 수 있다. 특히, 심혈관 질환을 앓고 있는 노인은 미세먼지가 쌓이면 산소 교환이 원활하지 못해 병이 악화될 수 있다.

[그림 13] 심혈관 질환자의 미세먼지 대처

질병관리본부에 따르면, 미세먼지(PM2.5)에 장기간 노출될 경우 심근경색과 같은 허혈성심질환8)의 사망률은 30~80% 증가하는 것으로 나타났다.

호흡기 질환자와 마찬가지로 심혈관 질환자도 가급적 미세먼지에 노출되지 않는 것이 중요하다. 미세먼지 농도가 '매우나쁨' 혹은 '나쁨'일 때뿐만 아니라 '보통'일 때에도 몸의 상태가 좋지 않다면 가급적 창문을 닫고 불필요한 외출을 삼가는 것이 좋다.

심혈관 질환자가 마스크를 착용할 경우 공기순환이 차단되어 위험할 수 있으므로, 외출 시 식품의약품안전처에서 인증한 보건용 마스크 착용여부를 사전에 의사와 상의하는 것이 바람직하다.

2006년 발표된 논문에서는 심장질환을 앓고 있는 사람들과 만성폐쇄성 폐질환을 앓고 있는 사람들을 대상으로 급사의 주요한 위험요인으로 알려져 있는 심박동수 변화

를 조사했는데, 기저질환을 가진 경우에 유의하게 관련성이 높은 것으로 보고되었다. 특히, 당뇨병 환자의 경우 미세먼지에 노출 될 경우 심혈관계 질환으로 입원할 위험이 당뇨병이 없는 사람에 비해 2배가 높은 것으로 보고되기도 했다.

 2004년 일리노이 지역에 거주하는 65,180명의 노인을 대상으로 미세먼지에 노출되었을 경우에 민감하게 독성 영향이 나타나는 집단을 알아보기 위한 연구가 실시되었는데, 그 결과 미세먼지 농도가 10㎍/㎥ 증가할 때 전체 대상자들의 사망률은 1.14% 증가했지만, 심근경색이었던 사람은 그렇지 않은 집단에 비해 2.7배, 당뇨병을 가지고 있는 사람들은 2배의 높은 사망률을 보인 것으로 조사되었다.

 국내에서는 2001년 심장기능 이상자를 대상으로 조사한 결과, 대기오염물질에 따라 차이가 있지만 대기오염물질 노출에 의한 사망위험이 일반 인구집단에 비해 약 2.5배 높은 것으로 조사되었다.

2) 농작물과 생태계에 미치는 영향

미세먼지는 농작물과 생태계에도 피해를 줄 수 있다. 대기 중 이산화황(SO_2)이나 이산화질소(NO_2)가 많이 묻어있는 미세먼지는 산성비를 내리게 해 토양과 물을 산성화시키고, 토양 황폐화, 생태계 피해, 산림수목과 기타 식생의 손상 등을 일으킬 수 있다.

공기 중에서 카드뮴 등 중금속이 미세먼지에 묻게 되어도 농작물, 토양, 수생생물에 피해를 줄 수 있다. 또한 미세먼지가 식물의 잎에 부착되면 잎의 기공을 막고 광합성 등을 저해함으로써 작물의 생육을 지연시킨다.

3) 산업활동에 미치는 영향

미세먼지는 산업활동에도 적지 않은 악영향을 준다. 반도체와 디스플레이 산업은 가로·세로 높이 30cm 공간에 0.1μg의 먼지입자 1개만 허용될 정도로 먼지에 민감한 분야다. 미세먼지에 노출될 경우 불량률이 증가하기 때문이다.

자동차 산업은 도장 공정에서 악영향을 받을 수 있고 자동화 설비의 경우에도 미세먼지로 인한 오작동 등의 피해를 입을 수 있다. 또한 가시거리를 떨어뜨리기 때문에 비행기나 여객선 운항도 지장을 받는다.

03

주요국별 미세먼지
기준과 국내 오염 현황

3. 주요국별 미세먼지 기준과 국내 오염 현황

가. 주요국 대기환경 기준[3]

	$PM_{10}(\mu g/m^3)$		$PM_{2.5}(\mu g/m^3)$	
	24시간	연간	24시간	연간
세계보건기구 (WHO)	50	20	25	10
한국	100	50	50	25
EU	50	40	-	25
미국	150	-	35	12-15
캐나다	25	-	15	-
호주	50	-	25	8
일본	100	-	35	15
중국	100	70	75	35

[표 2] 미세먼지 관련 전 세계 주요국가의 환경 기준

미세먼지 관련 국내 환경기준은 세계보건기구(WHO)나 유럽, 호주, 일본 등 선진국 기준에 비해 완화된 것으로 나타난다. 우리나라 미세먼지 관련 환경기준은 미세먼지의 경우 24시간 평균치 기준 100㎍/㎥, 초미세먼지의 경우 50㎍/㎥을 기준으로 하고 있으며 연간 평균치의 경우 미세먼지가 50㎍/㎥, 초미세먼지가 25㎍/㎥을 넘지 못하도록 하고 있다.

하지만 WHO의 미세먼지 농도 허용기준은 훨씬 엄격하다고 지적했다. WHO는 24시간 평균치 기준이 50㎍/㎥, 초미세먼지는 25㎍/㎥을 넘어서는 안된다고 보고 있어 우리나라의 24시간 평균치 기준의 절반 정도이다.

초미세먼지의 연간 평균치는 더 큰 차이를 보이는데 WHO의 경우 초미세먼지의 연간 평균치를 10㎍/㎥으로 권고하고 있지만 우리나라는 그보다 2.5배 높은 25㎍/㎥까지 허용하고 있다.

---

3) "미세먼지 국내 기준, WHO 권고치보다 2배 높아", 조대인, 2017.08.25., 투데이에너지

나. 국내 오염 현황

한국의 초미세먼지 오염 수준이 OECD(경제협력개발기구) 37개 회원국 중 최악이라는 보고서가 나왔다. 스위스 대기 질 분석업체 아이큐에어(IQAir)가 세계 106개국의 연간 평균 초미세먼지(PM2.5) 농도를 조사해 펴낸 '2020 세계 공기질 보고서'에서 한국은 19.5 μg/㎥로 전체에서 41번째, OECD 국가 중에서는 가장 나쁜 것으로 나타났다. 한국은 2019년 같은 조사에서도 24.8μg/㎥로 OECD 꼴찌였다.

2020년은 코로나19로 많은 나라가 봉쇄 정책을 실시하면서 대기 오염 물질 배출이 줄어 세계 국가의 84%, 주요 도시의 65%가 대기 질이 크게 개선된 특이한 해였다. 한국도 2019년에 비해 초미세먼지 농도가 적잖이 줄었으나 감소폭은 주요국 평균치에 미치지 못했다. 작년 1~3월 초미세먼지는 2019년 같은 기간에 비해 32%나 감소했지만 이는 코로나19로 인한 교통운송 제한과 겨울철 석탄 화력발전 중단 같은 일시적인 조치에 힘입은 현상이라고 보고서는 분석했다. WHO(세계보건기구) 목표치인 연평균 10μg/㎥이하를 충족한 도시는 측정 대상 60개 가운데 한 곳도 없었다.

#	Country		#	Country		#	Country	
1	Bangladesh	77.1	37	Georgia	[illegible]	73	Singapore	11.3
2	Pakistan	59.0	38	Algeria	[illegible]	74	Lithuania	11.7
3	India	51.9	39	Madagascar	[illegible]	75	Latvia	11.3
4	Mongolia	46.6	40	Kosovo	[illegible]	76	Senegal	11.2
5	Afghanistan	46.5	41	South Korea	[illegible]	77	France	11.1
6	Oman	44.4	42	Chile	[illegible]	78	Austria	10.9
7	Qatar	44.3	43	Ukraine	[illegible]	79	Curacao	10.5
8	Kyrgyzstan	43.5	44	Guatemala	[illegible]	80	Spain	10.4
9	Indonesia	40.7	45	Mexico	[illegible]	81	Germany	10.2
10	Bosnia Herzegovina	40.6	46	Turkey	[illegible]	82	Japan	9.8
11	Bahrain	39.7	47	Italy	[illegible]	83	Netherlands	9.7
12	Nepal	39.2	48	Greece	[illegible]	84	USA	9.6
13	Mali	37.9	49	South Africa	[illegible]	85	Denmark	9.4
14	China	[illegible]	50	Peru	[illegible]	86	Russia	9.4
15	Kuwait	[illegible]	51	Macao SAR	[illegible]	87	Portugal	9.1
16	Tajikistan	[illegible]	52	Turkmenistan	[illegible]	88	Luxembourg	9.0
17	North Macedonia	[illegible]	53	Poland	[illegible]	89	Switzerland	9.0
18	Uzbekistan	[illegible]	54	Israel	[illegible]	90	Belgium	8.9
19	Myanmar	[illegible]	55	Albania	[illegible]	91	Ireland	8.6
20	UAE	[illegible]	56	Cyprus	[illegible]	92	United Kingdom	8.4
21	Vietnam	[illegible]	57	Romania	[illegible]	93	Costa Rica	8.2
22	Bulgaria	[illegible]	58	Malaysia	[illegible]	94	Ecuador	7.6
23	Iran	[illegible]	59	Colombia	[illegible]	95	Australia	7.6
24	Ghana	[illegible]	60	Hong Kong SAR	[illegible]	96	Andorra	7.4
25	Montenegro	[illegible]	61	Slovakia	[illegible]	97	Canada	7.3
26	Uganda	[illegible]	62	Taiwan	[illegible]	98	Iceland	7.2
27	Armenia	[illegible]	63	Jordan	[illegible]	99	New Zealand	7.0
28	Serbia	[illegible]	64	Ethiopia	[illegible]	100	Estonia	5.9
29	Saudi Arabia	[illegible]	65	Hungary	[illegible]	101	Norway	5.8
30	Sri Lanka	[illegible]	66	Argentina	[illegible]	102	Finland	5.0
31	Laos	[illegible]	67	Kenya	[illegible]	103	Sweden	5.0
32	Ivory Coast	[illegible]	68	Brazil	[illegible]	104	U.S. Virgin Islands	3.7
33	Kazakhstan	[illegible]	69	Angola	[illegible]	105	New Caledonia	3.7
34	Thailand	[illegible]	70	Philippines	[illegible]	106	Puerto Rico	3.7
35	Croatia	[illegible]	71	Czech Republic	[illegible]			
36	Cambodia	[illegible]	72	Malta	11.8			

그림 15 세계 초미세먼지 오염도 국가순위/ IQ AIR

　환경부는 2020년 초미세먼지 연평균 농도가 관측을 시작한 2015년(26㎍/㎥) 이래 가장 낮은 수치를 기록했다고 2021년 4월 발표하면서, 이 같은 '획기적 개선'의 배경으로 미세먼지 계절관리제와 사업장 대기오염물질 배출허용기준 강화 등 강력한 정책 효과를 첫 손으로 꼽았다. 중국의 지속적인 미세먼지 개선추세, 코로나19 영향, 양호한 기상조건도 도움이 된 것으로 평가했다. 환경부는 그러나 획기적으로 개선됐다는 우리나라의 대기 오염 수준이 다른 나라들과 비교해 어느 정도인지에 대해서는 거론하지 않았다.

　보고서에서 공기 질이 안좋은 나라들은 아시아에 집중됐다. 방글라데시가 77.1㎍/㎥로 세계 1위를 차지했고, 파키스탄(59㎍/㎥) 인도(51.9㎍/㎥) 몽골(46.6㎍/㎥)이 뒤를 이었다. 중국(34.7㎍/㎥)은 14위, 베트남(28.1㎍/㎥)이 21위, 태국(21.4㎍/㎥)이 34위였다. 일본은 9.8㎍/㎥으로 82위, 공기가 좋은 순서로 셀 경우 25위에 올랐다. WHO 목표치 10㎍/㎥ 이하를 유지하는 나라는 일본을 포함해 뉴질랜드(7㎍/㎥), 캐나다(7.3㎍/㎥), 호주(7.6㎍/㎥), 영국(8.4㎍/㎥), 미국(9.6㎍/㎥) 등 25개에 불과했다. 공기가 제일 좋은 나라는 푸에르토리코(3.7%)였다.

　코로나19의 발원지인 중국은 2019년보다 초미세먼지가 11% 감소하고 388개 도시의 86%에서 공기가 깨끗해졌다. 하지만 WHO 목표치 10㎍/㎥를 달성한 도시는 아직 전체의 2%에 불과하고, 매년 3~4월 신장 지역을 중심으로 발생하는 거대한 모래 폭풍은 세계 최대의 석탄 소비와 맞물려 중국 자신뿐 아니라 한국 등 이웃 나라들에게까지 먼지 공해를 떠안기고 있다고 보고서는 분석했다.

　보고서는 이밖에 도시별 겉보기 초미세먼지 감소율에서 날씨 덕분에 저절로 얻어진 공짜 감소분을 뺀 실질 대기 개선도를 함께 계산했다. 그 결과 싱가폴이 실질 개선 25%(겉보기 39%)로 가장 우수한 성적을 보였고 베이징(23%), 방콕(20%), 도쿄(17%), 델리(16%), 런던(15%), 파리(14%), 우한(12%) 등이 뒤를 이었다. 서울은 겉보기로는 초미세먼지가 16% 감소한 것으로 관측됐지만 실질 개선은 9%에 그쳤다.

　초미세먼지는 지름이 머리카락의 1/20~1/30인 2.5㎛(1㎛는 1m의 100만분의1) 밖에 안되는 미세한 입자다. 들이마시면 코 점막에서 걸러지지 않고 허파 혈관까지 깊숙히 침투해 천식, 폐암, 심장질환, 저체중아 출산 같은 치명적인 질병을 일으키고 조기 사망의 원인이 된다. 의학계에서는 한국의 경우 초미세먼지가 평균수명을 1.4년 단축시키고 있는 것으로 보고 있다.

　세계보건기구(WHO)에서는 초미세먼지를 1급 발암물질로 규정하고 농도를 연간 평균 10㎍/㎥, 24시간 평균 25㎍/㎥ 이하로 유지하라고 회원국에 권고하고 있다. 한국은 환경기준치로 이보다 훨씬 느슨한 연평균 25㎍/㎥, 24시간 평균 50㎍을 적용해오다

2018년부터 15㎍/㎥, 35㎍/㎥로 강화했다. 한국 초미세먼지의 30~50%는 중국발인 것으로 분석되고 있으나 이에 대한 정부의 대응은 지나치게 소극적이고 저자세라는 비판을 받고 있다.4)

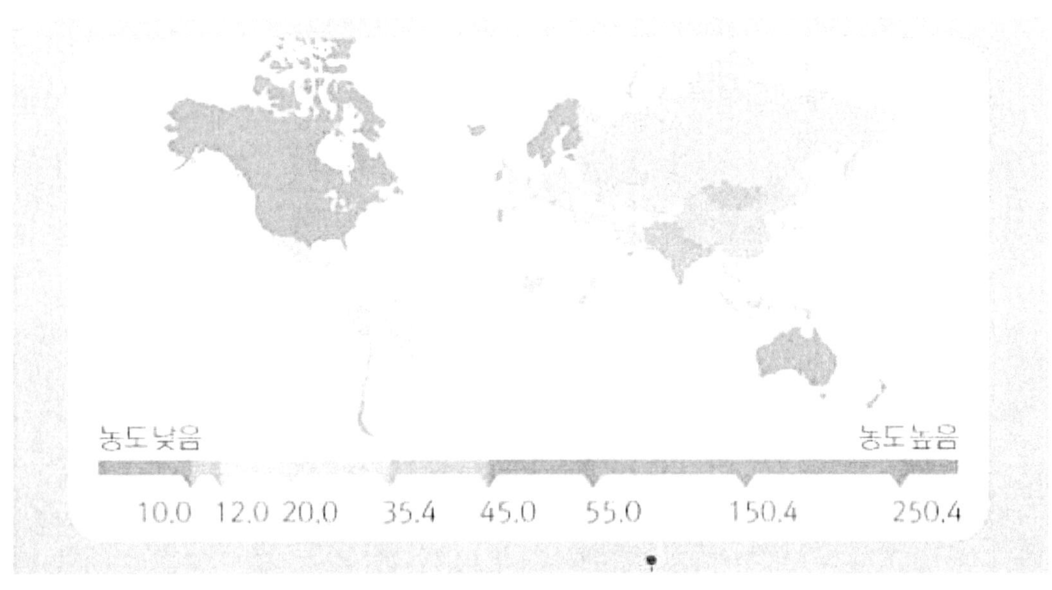

그림 16 OECD 국가 초미세먼지 농도 추이

---

4) 한국 초미세먼지 OECD '최악' 오명 여전
2020 세계 공기질(質) 보고서…정부는 "획기적 개선" 자화자찬/ 오케이뉴스

04

국내외 미세먼지
연관시장 전망

4. 국내외 미세먼지 연관시장 전망

가. 환경 모니터링 시장

 환경 모니터링이란, 환경 요소의 오염상황을 탐지하기 위한 것으로, 대기 오염, 소음 공해, 대기 중 독성 가스 함량, 토양 중금속 함량 등의 다양한 환경 요소의 상태와 변화를 측정, 관측하는 기술이다. 환경에서 미립자 물질 및 유해한 오염물(예를 들어, 화학 물질, 중금속, 유해미생물, 유독성 가스 등)이 증가함에 따라 환경오염의 모니터링과 통제의 필요성이 증가하고 있기 때문에, 환경 모니터링 시장은 지속적으로 성장할 것으로 예상된다.

1) 세계 시장[5]

 환경센서 및 모니터링 시장은 크게 대기, 물, 토양, 소음 등 계측 분야에 따라서 구분되며, 동일한 시장성장률을 가정할 때 2023년에는 약 230억 달러의 시장을 형성할 것으로 예측된다.

적용부문	2020	2021	2022	2023	CAGR ('20~'23)
대기	78.3	82.1	86.1	90.3	-
물	66.1	69.3	72.6	76.1	-
토양	39.4	41.4	43.4	45.5	-
소음	15.3	16.0	16.7	17.5	-
합계	199.2	208.9	219.2	229.9	4.9

[표 3] 세계 환경센서 및 모니터링 디바이스 분야의 시장규모 및 전망

 전 세계 환경 모니터링 시장은 제품에 따라 환경 모니터링 센서, 환경 모니터, 환경 모니터링 소프트웨어로 분류되며 환경 모니터링 센서는 2021년에는 112억 7,360만 달러에서 연평균 성장률 4.9%로 증가하여, 2023년에는 229억 9,408만 달러에 이를 것으로 전망되며, 환경 모니터는 2021년에는 61억 5,710만 달러에서 연평균 성장률 7.8%로 증가하여, 2023년에는 85억 5,823만 달러에 이를 것으로 전망된다.

 환경 모니터링 소프트웨어는 2021년에는 21억 3,130만 달러에서 연평균 성장률 3.9%로 증가하여, 2023년에는 25억 4,654만 달러에 이를 것으로 전망된다.

---

5) 환경 모니터링 시장, 연구개발특구진흥재단

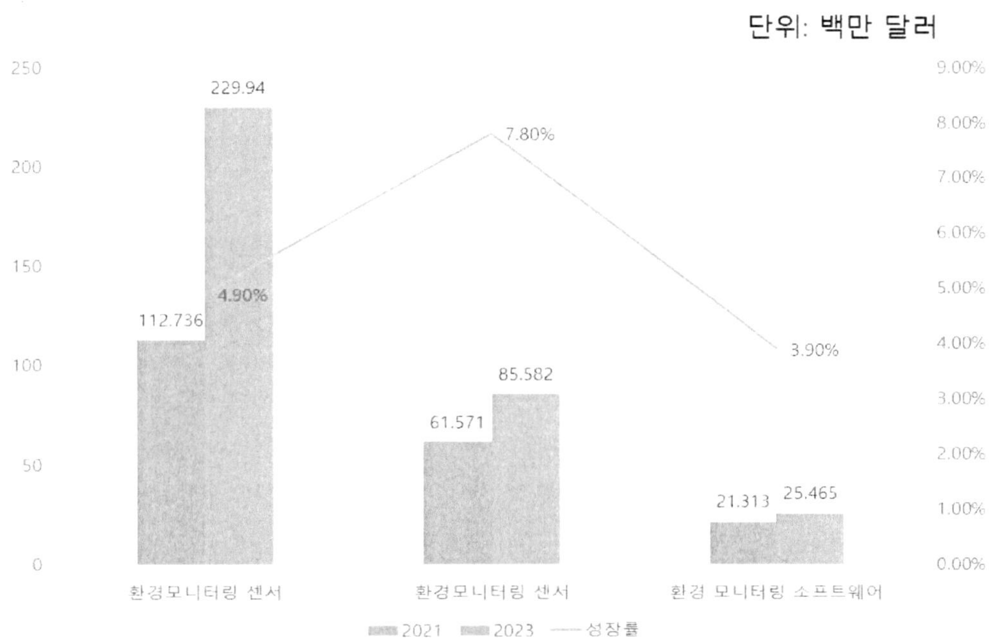

그림 15 글로벌 환경 모니터링 시장의 제품별 시장 규모 및 전망

환경 모니터링 시장 중에서 환경 모니터링 센서 시장은 컴퓨터 시스템 구성에 따라 아날로그 환경 센서와 디지털 환경 센서로 분류되며, 2021년을 기준으로 아날로그 환경 센서가 57.1%로 디지털 환경 센서보다 높은 점유율을 나타내고 있다.

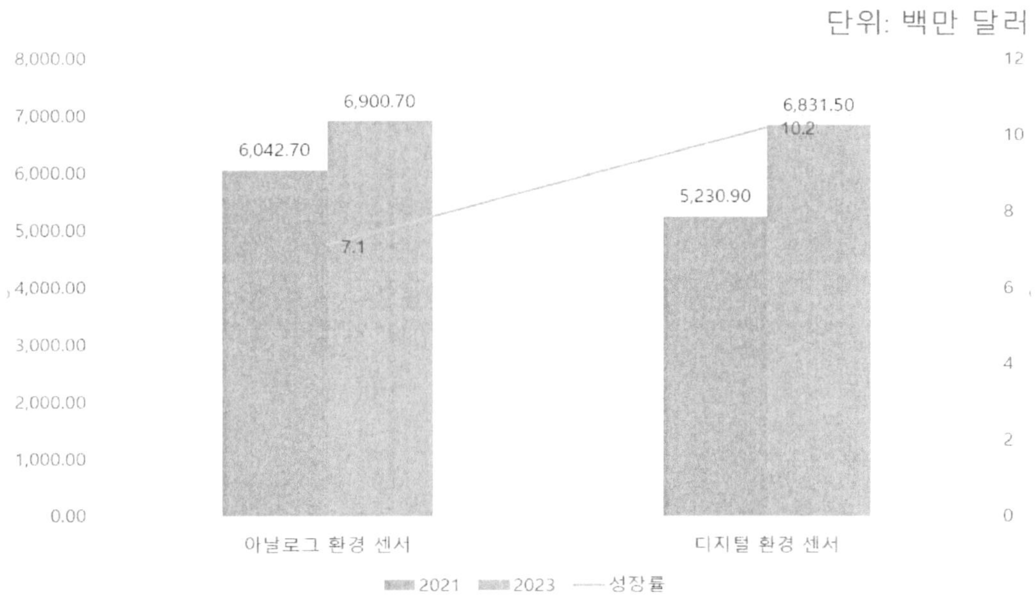

그림 16 글로벌 환경 모니터링 센서 시장의 컴퓨터 시스템 구성별시장 규모 및 전망

아날로그 환경 센서는 2021년에는 60억 4,270만 달러에서 연평균 성장률 7.1%로 증가하여, 2023년에는 69억 70만 달러에 이를 것으로 전망되며 디지털 환경 센서는 2021년에는 52억 3,090만 달러에 서 연평균 성장률 10.2%로 증가하여, 2023년에는 68억 3,150만 달러에 이를 것으로 전망된다.

전 세계 환경 모니터링 시장은 샘플링 방법에 따라 지속적 모니터링, 액티브 모니터링, 패시브 모니터링, 간헐적 모니터링으로 분류되며, 2021년을 기준으로 지속적 모니터링이 36.6%로 가장 높은 점유율을 나타내고 있다.

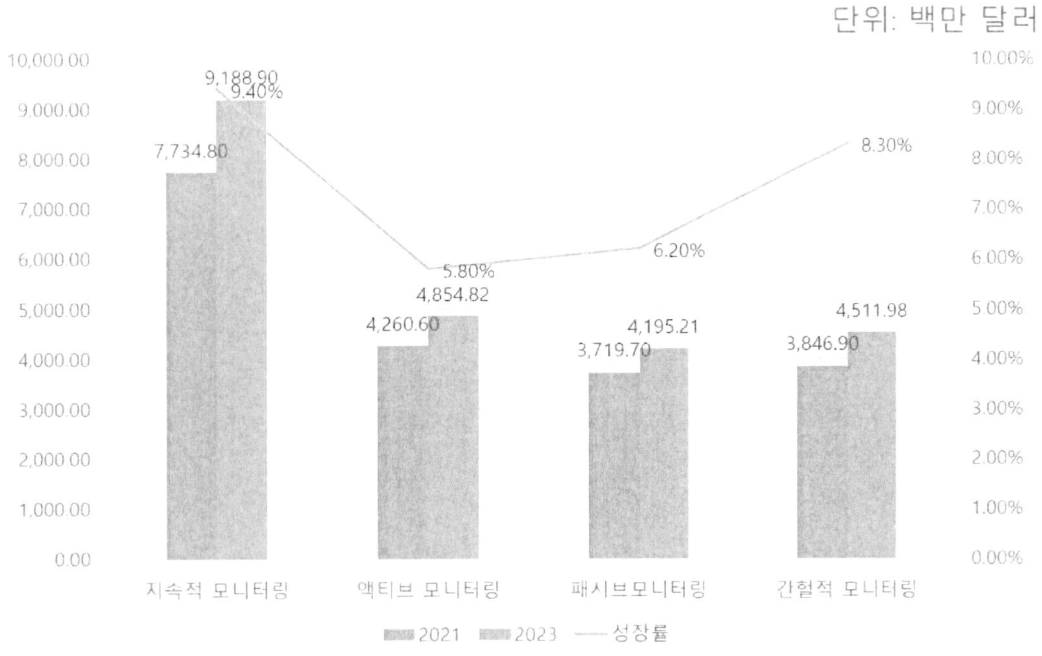

그림 17 글로벌 환경 모니터링 시장의 샘플링 방법별 시장규모 및 전망

지속적 모니터링은 2021년에는 77억 3,480만 달러에서 연평균 성장률 9.4%로 증가하여, 2023년에는 77억 3,480만 달러에 이를 것으로 전망되며 액티브 모니터링은 2021년에는 42억 6,060만 달러에서 연평균 성장률 5.8%로 증가하여, 2023년에는 42억 6,060만 달러에 이를 것으로 전망된다.

패시브 모니터링은 2021년에는 37억 1,970만 달러서 연평균 성장률 6.2%로 증가하여, 2023년에는 37억 1,970만 달러에 이를 것으로 전망되고 간헐적 모니터링은 2021년에는 38억 4,690만 달러에서 연평균 성장률 8.3%로 증가하여, 2023년에는 38억 4,690만 달러에 이를 것으로 전망된다.

전 세계 환경 모니터링 시장을 지역별로 살펴보면, 2021년을 기준으로 북미 지역이 37.0%로 가장 높은 점유율을 나타냈다.

북미 지역은 2021년에는 75억 5,490만 달러서 연평균 성장률 8.6%로 증가하여, 2023년에는 90억 6,282만 달러에 이를 것으로 전망되고, 유럽 지역은 2021년에는 54억 740만 달러에서 연평균 성장률 5.9%로 증가하여, 2023년에는 60억 4,547만 달러에 이를 것으로 전망된다.

아시아-태평양 지역은 2021년 45억 6,690만 달러에서 연평균 성장률 10.0%로 증가하여, 2023년 54억 8,018만 달러에 이를 것으로 전망되고 그 외 지역은2021년에는 20억 3,280만 달러에서 연평균 성장률 4.7%로 증가하여, 2023년에는 22억 2,388만 달러에 이를 것으로 예상된다.

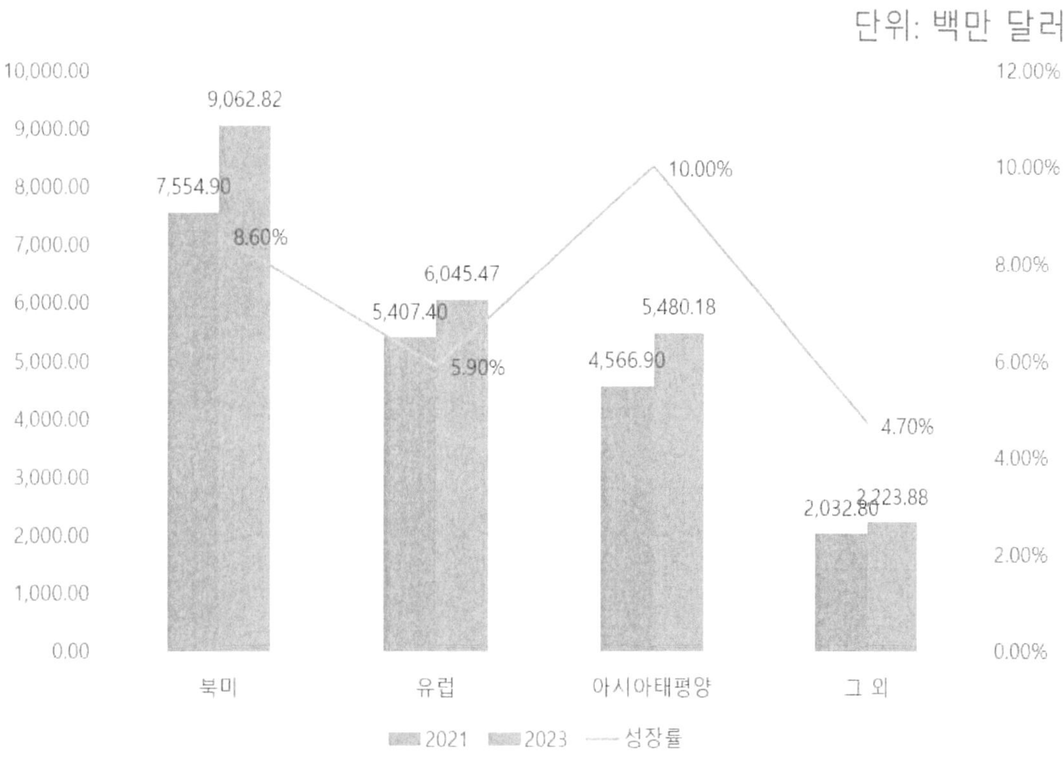

그림 18 글로벌 환경 모니터링 시장의 지역별 시장 규모 및 전망

2) 국내 시장

국내 환경센서 및 모니터링 디바이스 분야는 동일한 시장성장률을 가정했을 때, 2023년에 4.2억 달러의 시장을 형성할 것으로 예측된다.

구분	2019	2020	2021	2022	2023	CAGR ('19~'23)
국내시장	3.4	3.6	3.8	4.0	4.2	6.50

[표 4] 국내 환경센서 및 모니터링 디바이스 분야의 시장규모 및 전망

환경 모니터링 분야에서 확정된 요소기술을 대상으로 산.학.연 전문가로 구성된 핵심기술 선정위원회를 통하여 중소기업에 적합한 핵심기술로 선정된 기술들은 다음과 같다. 먼저, 핵심기술 선정은 기술개발시급성(10), 기술개발파급성(10), 단기개발가능성(10), 중소기업 적합성 (10)을 고려하여 평가되었다.

핵심기술	개요
환경오염 물질 모니터링 초소형 가스 센서용 무선 반도체 기술	흡·탈착현상을 이용하는 센서, 가스의 반응성을 이용하는 센서, 선택투과막을 이용하는 센서 등으로 나눌 수 있음. 소자의 형태에 따라서는 BAW(bulk acoustic wave sensor), SAW (surface acoustic wave sensor), 반도체 센서, 전기화학 센서, 적외선 가스 센서 등으로 나눌 수 있음.
환경오염 물질 모니터링 초소형 수질 센서용 무선 반도체 기술	하천, 강, 호수, 해수 등 매우 다양한 측정대상 지역의 오염원을 감지하기 위한 것으로 센서의 형태로 나누어 probe형과 lab-on-a-chip(LoC)형으로 나님.
바이오센서 기반 DNA 칩 환경오염물질 모니터링 기술	반도체 제작기술을 이용하여 평면상에 oligo DNA의 어레이를 제작함으로서 '센서'를 고집적화된 소자로 만들고, 고효율을 목적으로 하는 '칩'의 개념으로 발전
바이오센서 기반 단백질 칩환경오염물질 모니터링 기술	형광 단백질 칩은 형광 현미경이나 형광 분광 광도계 등을 이용하여 측정 물질을 감지함으로써 형광이 가지는 고유의 민감도 및 단순성을 활용하여 단백질 칩을 설계할 수 있게 해 줌.

[표 5] 유해환경 모니터링 분야 핵심기술

핵심기술	개요
바이오센서 기반 세포 칩 환경오염물질 모니터링 기술	포를 인위적으로 사멸시켜 대사 작용의 변화가 일어 난 후에 구성요소를 분석하는 기법으로서 살아있는 세포의 실제 거동을 표현하는데 한계를 가지고 있음.
분광센서 기반 환경오염물질 모니터링의 분광 해상도 향상 기술	Red, Green, Blue에 해당하는 파장영역만을 취득하여 컬러영상으로 가시화하지만, HSI는 연속적이고 좁은 파장역으로 수십에서 수백 개의 분광밴드를 가지고 데이터를 취득함.
분광센서 기반 환경오염물질 모니터링의 공간 정보 수집 향상 기술	Chl-a 탐지, 적조(red tide) 탐지, 산호(coral reef) 탐지, 기름유출(oil spill) 등에 활용하였고, 옅은 연안의 바닥과 같은 해양지질에 대해 구체적이고 정도 높은 정보를 제공

[표 6] 유해환경 모니터링 분야 핵심기술

6)

---

6) 중소기업 기술 로드맵 2019~2021

나. 대기 환경 시장[7]
1) 세계 시장

세계 대기 환경 시장 분야는 2023년 790억 달러에 이르며, 연평균 2.3%의 성장률이 예측 된다.

구분	2018	2019	2020	2021	2022	2023	성장률(%)
세계시장	70.7	72.3	73.9	75.6	77.3	79.0	2.3%

[표 7] 세계 대기 환경 시장 현황

국내·외 대기산업에서 대기오염배출의 주요 요인은 화력발전소 등 에너지 산업과 제철소 등 철강 산업이므로 화력발전산업과 철강 산업의 성장 가능성과 직접적인 연관성을 보유하고 있다.

따라서 해외 철강 산업의 성장률을 바탕으로 국외 대기 산업 시장을 전망하면 2030년까지 세계 철강 수요는 43% 가량 증가할 것으로 예상되며, 이에 따라 관련 대기 산업 시장도 증가할 것으로 예상된다.

대기오염은 전 세계적으로 나타나고 있으나, 중국, 인도 등 신흥국의 높은 대기오염도의 영향으로 아시아 아프리카 지역을 중심으로 시장이 크게 성장할것으로 전망되는데, 이는 미세먼지 농도 기준으로 세계 보건 기구(WHO)의 연간 권고기준(20 μg/m)을 상회하는 국가들의 대부분이 아시아와 아프리카 지역에 분포하기 때문이다.

최근 중국은 스모그 현상으로 인해 마스크 품귀현상이 나타나고 공기청정기 판매가 특수를 누리는 등 환경 관련 생활제품 수요가 급증하고 있다.

또한, 15년 만에 급속한 경제성장으로 인한 대기오염의 방지를 위해 자동차 매연 등 과도한 석탄 연료로 야기된 오염을 원인부터 바로잡는 근본적인 방지대책의 수립, 종합적인 시책의 마련 및 법률적 책임의 강화 등 대기오염방지법 개정의 영향으로 대기오염물질 제어 관련 제품에 대한 수요가 더욱 커질 전망이다.

최근 사우디아라비아, 아르헨티나의 원전도입 움직임과 브라질 및 칠레의 경제성장에 따른 대형 플랜트 발주 등에 동반되는 대기오염방지 플랜트 시장이 활성화 될 것으로 전망된다.

---

7) 중소기업 전략기술로드맵 2016-2018

대기오염 시장은 질소산화물처리와 전기집진, 탈황이 주요분야다. 질소산화물 처리 분야는 41.2억 달러로 전체 시장의 36%로 가장 큰 비중을 차지하고, 전기집진 분야는 32.7억 달러로 전체 시장의 28%인 두 번째로 큰 시장을 형성하고 있다.

질소산화물 처리, 전기집진, 탈황 등의 분야의 대기오염제거, 관리 분야의 경우 개발도상국을 중심으로 산업시장이 성장하는 추세이다.

2) 국내 시장

 2023년 국내 대기 환경 분야의 시장 규모는 38조 157억 원으로 연평균 20%의 성장률이 예상된다.

구분	2018	2019	2020	2021	2022	2023	성장률(%)
국내 시장	153,346	184,015	220,818	264,981	317,977	381,572	20%

[표 8] 국내 대기 환경 시장 현황

 정부의 정책적 의지로 대기오염 방지 분야 시장 성장세가 증가될 것으로 예상되며, 대기오염물질 배출규제 강화 등 정부의 강력한 규제정책으로 안정된 성장을 보일 것으로 전망된다.

 공기오염 문제에 관한 신흥국의 수요가 증가할 수 있다는 점에서 국내 대기 산업에 대한 적극적인 지원과 시장진출 모색이 필요하고, 우리나라의 환경상품 수출은 여타 국가에 비해 낮은 상태이며 이에 따라 국제적인 환경시장 확대에 대비할 필요가 있다.

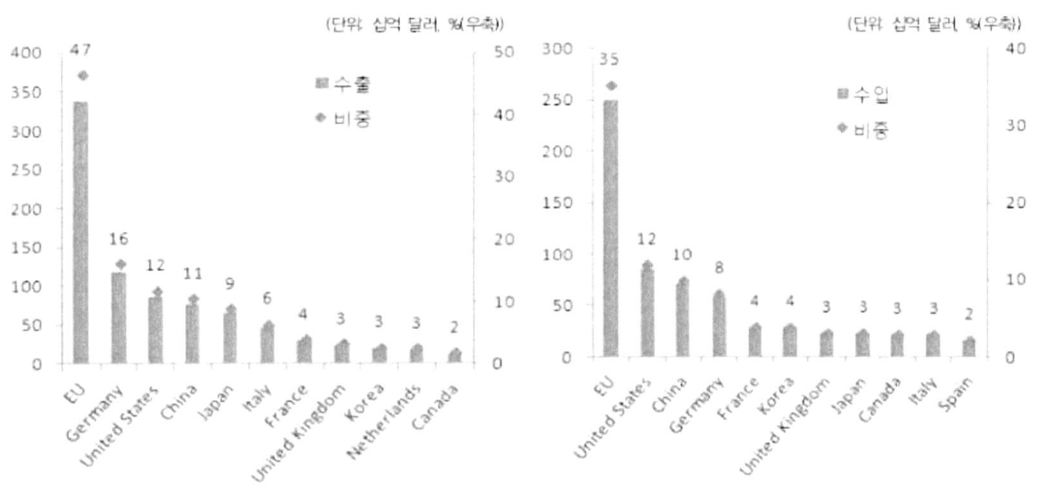

[그림 19] WTO 환경상품 프렌즈에서 제시한 153개 환경상품 리스트에 기초한 환경상품 수출 및 수입액 및 전세계 총 환경상품에서 차지하는 비중

다. 공기청정기 시장

1960년대 이후 공기의 질에 대한 고민은 꾸준한 국제적인 이슈이다. 깨끗한 공기호흡이 건강을 유지하는 필수조건이 되어가면서 공기청정기의 수요도 증가했다.

공기청정기 수요는 건강을 중시하는 구조적인 소비변화 패턴에서 이해해야 한다. 먼저, 외부환경(스모그, 미세먼지) 악화에 따라 환기가 어려워지고, 실내의 박테리아, 집진드기, 곰팡이 등의 문제는 공기청정기 수요를 자극한다. 즉, 구조적인 소비패턴 변화라고 할 수 있다. 다음으로, 합성소재에서 나오는 각종 환경 유해물질로 친환경 제품에 대한 소비를 늘리고 있으며, 가전업계는 관련제품을 출시하여 소비자들의 수요 잡기에 나서고 있다.

한국을 둘러싼 미세먼지 문제는 심각하다. Real-time Air Quality Index Visual map에 따르면 중국 지역의 미세먼지는 '999'로 측정 불가 수준의 오염도를 보이고 있다. 가까운 일본은 35~50, 일부 55이상 수치를 보이는 등 양호하다.

하지만, 한국은 기본 50이상, 서울지역은 89이상으로 공기오염이 심각한 수준이다. 중국발 미세먼지(직경 10㎛이하) 및 황사는 하루 이틀 정도의 일도 아닌 일상이 되었다.

1) 세계 시장[8]

 Euromonitor에 따르면 세계 공기청정기 시장은 2019년 92억 달러에서 2023년 165억 달러 규모로 연평균 15.9% 성장할 것으로 보이며, 중국과 미국 중심으로 높은 성장률이 예상된다.

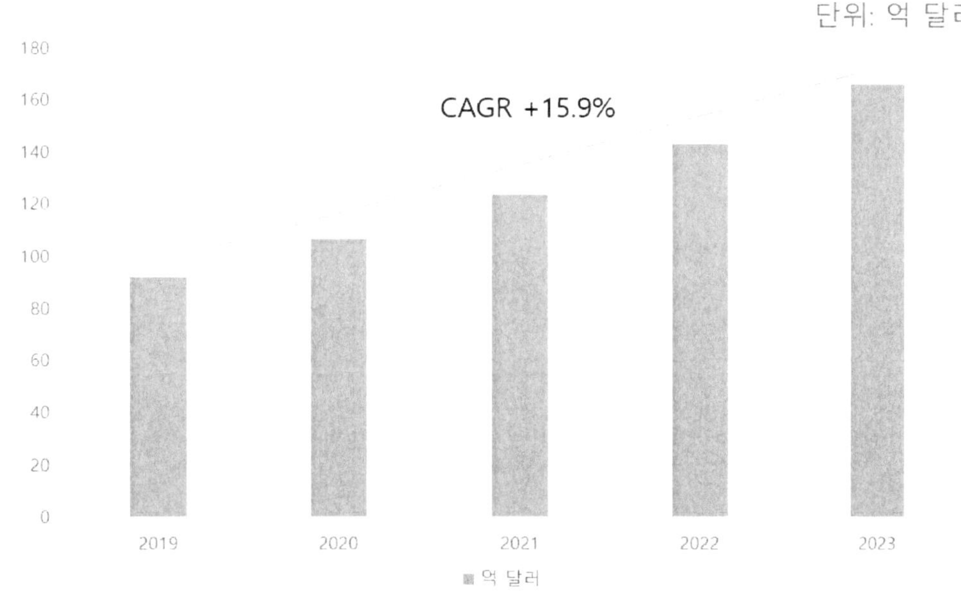

그림 20 세계 공기청정기 시장

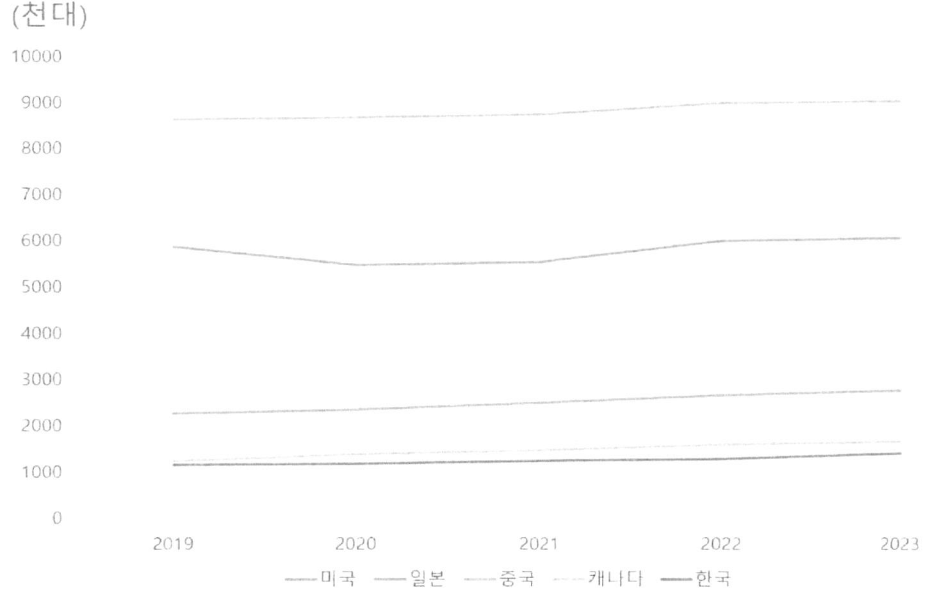

그림 21 상위 5개국 공기청정기 시장 전망

8) 유로모니터, 세계 공기청정기 시장

세계 공기청정기 보급률은 유럽 42%, 미국 26%, 일본 17%, 한국 17%, 중국 1% 미만으로 선진국의 공기청정기 보급률이 높다. 이는 소득 및 생활환경, 건강에 대한 관심이 높을수록 공기청정기의 수요 및 보급률도 같이 증가하기 때문이다.

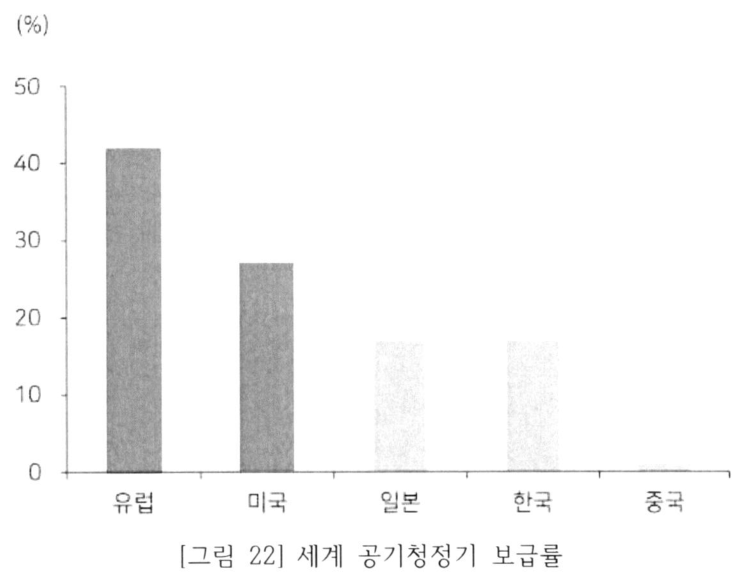

[그림 22] 세계 공기청정기 보급률

세계 공기청정기 시장점유율은 일본 26%, 중국 22%, 미국 22%, 캐나다 10%, 한국 9%, 기타(유럽 등) 11% 수준이다. 특히 북미 지역(미국, 캐나다)이 전체 시장의 32%로 가장 높은 비중을 차지한다. 다른 지역보다 청정한 지역으로 알려진 북미 지역의 높은 점유율은 놀라운 점이다. 게다가 미국은 높은 공기청정기 보급률(26%)에도 시장점유율 상위에 있다. 미국 시장은 공기 청정기 보급률과 시장점유율을 감안 할 때 공기청정기 시장의 중심에 있다고 할 수 있다.

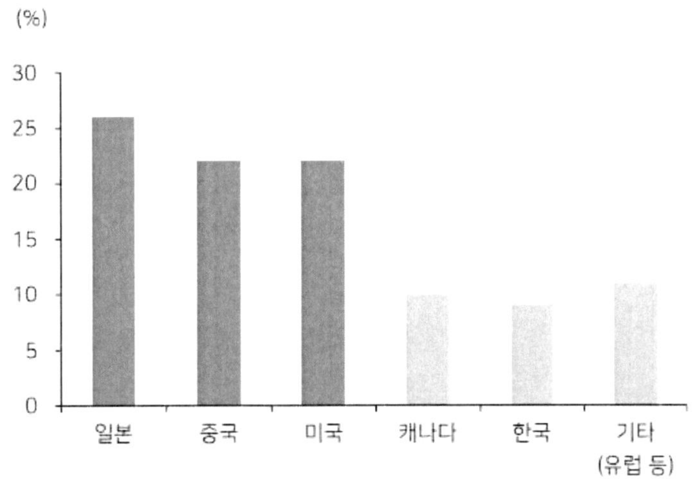

[그림 23] 세계 공기청정기 시장 점유율

2) 국내 시장

2021년 올해도 봄철을 맞아 미세먼지와 황사가 기승을 부리면서 공기청정기 매출이 가파르게 증가하고 있다. 해마다 2~3월은 연간 판매량의 3분의 1 이상이 집중될 정도로 최대 성수기로 꼽힌다. 업계에서는 2018년 250만 대 수준이었던 시장 규모가 2021년 400만 대를 넘어설 것으로 보고 있다. 제조업체들은 반려동물을 키우는 소비자를 겨냥한 '펫케어' 제품부터 인공지능(AI)과 살균 기능을 강화한 제품까지 다양한 신제품을 선보이며 시장 공략에 속도를 내고 있다.

G마켓에 따르면 지난해 기준 월별 공기청정기 매출 비중은 2월이 25%로 가장 높았고 이어 3월 11%, 5월 10%, 11월 9% 순으로 집계됐다. 최대 성수기로 꼽히는 2~3월 매출 비중은 36%에 달했다. 2021년 올해는 3월 들어 미세먼지와 황사의 공습이 본격화하면서 판매가 늘고 있다. 3월 1~14일까지 공기청정기 누적 판매량은 2월 같은 기간에 비해서도 3% 증가한 것으로 집계됐다.

삼성전자는 소비자 취향에 따라 다양한 디자인을 선택할 수 있는 '비스포크 큐브 에어'를 출시했다. 공기 청정 능력을 개선한 것과 동시에 소비자 취향에 따라 교체 가능한 전면 패널을 적용했다고 삼성전자는 설명했다. 위생에 대한 소비자들의 관심이 높아짐에 따라 세균과 바이러스를 억제하는 3가지 살균 기능을 적용했다.

LG전자는 지난 2월 청정 면적과 고객 편의성을 대폭 강화한 '퓨리케어 360도 공기청정기 알파'를 출시했다. 청정 면적을 기존 100㎡에서 114㎡로 확대했다. 액세서리인 AI 센서와 연동해 사용하면 공기청정기만 사용할 경우와 비교해 약 5분 더 빠르게 오염된 공기를 감지한 후 해당 공간을 청정하게 할 수 있다고 LG전자는 강조했다.

펫케어 모델도 인기를 끌고 있다. 삼성전자는 급증하는 반려동물 가구를 겨냥해 비스포크 큐브 에어 '펫케어' 모델을 선보였다. 이 제품에는 반려동물의 털을 집중적으로 제거하는 '펫털 극세필터'와 대소변과 사료 냄새, 체취 등을 효과적으로 제거해 주는 '펫 탈취필터'가 장착돼 있다. 앞서 LG전자도 2019년 털·먼지 제거 성능을 강화한 '퓨리케어 360도 공기청정기 펫' 제품을 선보였다. LG전자가 2020년 판매한 '퓨리케어 360도' 공기청정기 4대 중 1대는 펫케어 제품인 것으로 집계됐다.[9]

---

9) 공기청정기 봄철 매출 '쑥쑥'···올해 400만대 팔릴 듯/ 네이트뉴스

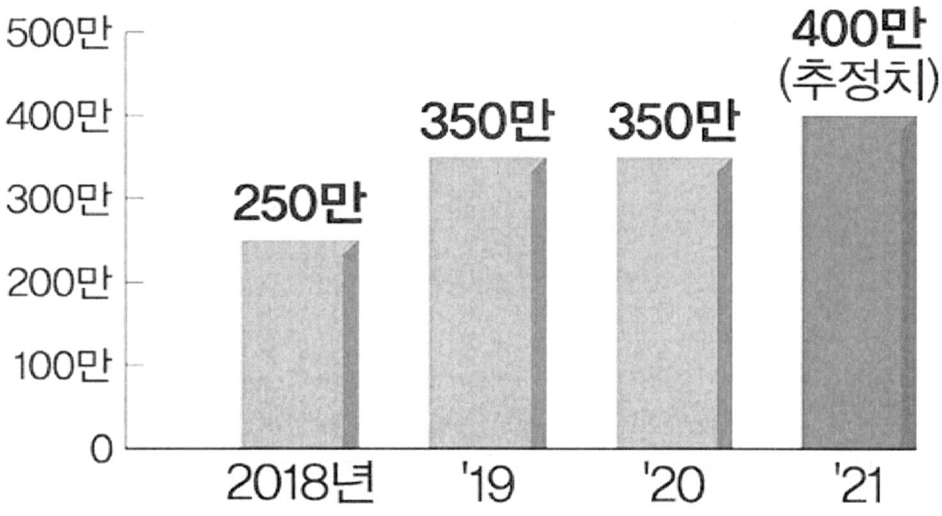

그림 24 국내 공기청정기 시장 규모 추이/ 네이트뉴스

라. 의류건조기 시장[10][11)
1) 세계 시장

미국에서는 의류건조기 사용량이 90%에 이를 정도로 건조기 사용이 일반화 되어있
다. 그렇다면 미국에서는 왜 이렇게 건조기를 사용하는 것일까? 2010년 미국의 85%
에 달하는 30만 개 지역사회가 빨랫줄 금지 조례를 채택하고 있다.

그 이유는 빨랫줄이 미관을 해쳐 집 값을 떨어뜨린다는 지역 사회 여론과 야외 빨랫
줄을 빈곤의 상징으로 여기는 인식 때문이다. 미국, 캐나다, 호주, 영국 등의 영미권
에서는 문화적으로 야외에 빨래를 너는 것을 피하는 반면, 이탈리아 등 남유럽과 싱
가폴, 대만 등 중화권은 우리나라는 햇볕에 보송보송하게 빨래를 말리는 것을 좋아한
다.

북미지역의 경우 카펫바닥을 주로 사용하고, 아파트에는 베란다가 따로 없기 때문에
실내에 빨래를 널 수 없기 때문에 2015년 기준 북미 지역의 세탁기기(세탁기+건조기)
판매량은 연간 1,600만대 수준이다. 이 중 자동세탁기 판매가 900만대를 차지한다.
(나머지, 반자동 세탁기+ 건조기 추정)

중국의 경우 80-90년대 생 신세대 소비자층이 부상하면서 의류건조기는 떠오르는
제품이 되었다. 이에 2017~2019년 중국 의류건조기 시장 소매 판매액은 7.8억 위안
에서 19.9억 위안으로 빠르게 확대되고 있다. 2020년 1~10월 중국 의류건조기 소매
량은 45.8만대로 전년 동기 대비 36% 증가했으며, 소매액은 22.4억 위안으로 52.2%
증가했다.

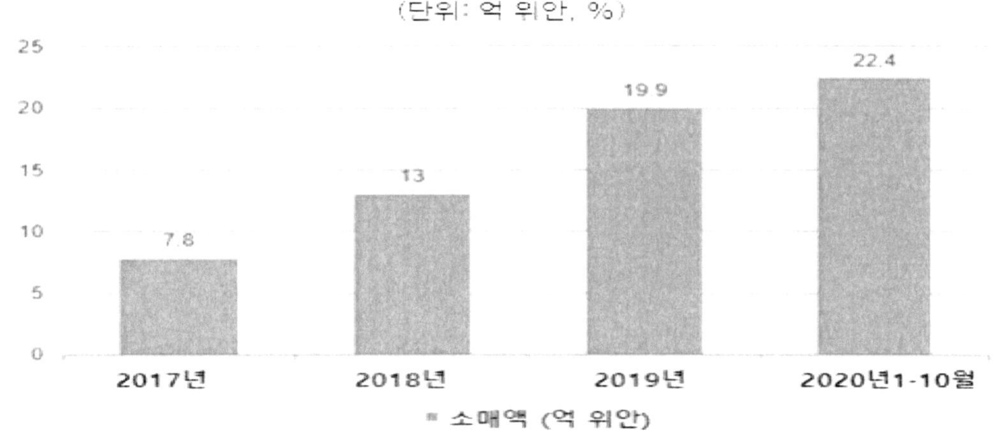

그림 25 2017-2020 중국 의류건조기 소매액/ 화징

---

10) 최근 주부들의 Hot한 아이템 [의류 건조기], 증권플러스 인사이트
11) 중국 의류건조기 시장 동향, 박지원, 2019.04.02., KOTRA

중국 의료건조기 유형은 직접 배출식, 응축식, 열펌프식 3가지으로 나눌 수 있는데 그 중 열 펌프식은 의류에 손상이 적고 안정적이며 건조 효과가 뛰어나 가장 선호되는 제품으로 꼽혔다.

중국 온라인 의류건조기 시장을 보면, 2019년 1~10월 52%였던 열펌프식 의류건조기 비중은 2020년 1~10월 74.9%로 높아졌다. 오프라인으로 보면, 열펌프식 의류건조기의 비중은 2019년 1~10월의 94.4%에서 2020년 1~10월 98.6%로 높아졌다.

저장성, 장쑤성과 상해로 대표되는 중국 장강 중하류 지역은 습한 기후적 요인으로 인해 빨래건조 수요가 비교적 높다. 또한, 베이징, 광동 등 경제 수준이 비교적 높은 지역도 수요가 매우 높다. 지역별로 보면, 저장성의 의류건조기 소매액은 중국시장의 19%로 1위를 차지한다. 장쑤성이 17.8%로 그 뒤를 이었고, 상하이시가 11.7%로 3위를 차지했다.

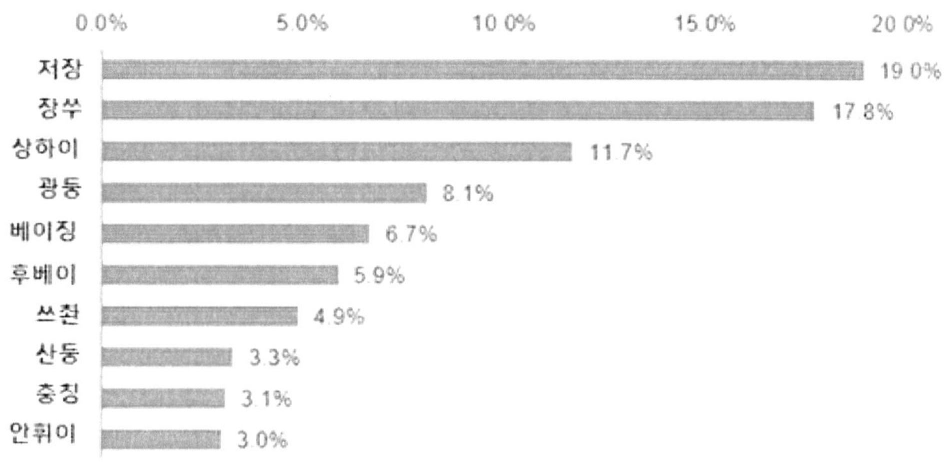

그림 26 2020년 중국 의류건조기 지역별 소매액 TOP 10/ 화징

중이캉(中怡康)에 따르면, 2021년 상반기 Haier 브랜드의 의류건조기가 30.9%의 시장점유율로 시장 1위를 차지해 전년 동기 대비 17% 증가했다. SIEMENS 의류건조기의 시장점유율은 22.3%이며 전년 동기 대비 12.4%를 하락했다. BOSCH 의류건조기의 시장점유율은 17.6%이며 전년 동기 대비 8.9%를 하락했다.[12]

---

12) 중국 의류 건조기 시장동향/ KOTRA

2021년 1월 의류건조기 주요 브랜드 시장점유율

순위	브랜드	시장점유율	전년동기 대비 증가율
1	Haier(海尔)	30.9%	17%
2	SIEMENS(西门子)	22.3%	-12.4%
3	BOSCH(博世)	17.6%	-8.9%
4	Little Swan(小天鹅)	10.7%	1.5%
5	Panasonic(松下)	9.2%	8.8%

자료: 중이캉(中怡康)

2) 국내 시장

 TV, 냉장고, 세탁기 등 전통적 가전 시장이 성숙 단계에 이르러 규모가 일정 수준을 유지하는 가운데 2021년 올해도 의류건조기, 의류관리기, 무선청소기 등 이른바 신(新)가전의 성장세가 유지될 것으로 전망된다.

 필수 가전으로 시장에 안착한 의류건조기는 2019년 국내 판매량이 200만대에 달한 바 있다. 2016년 판매량이 10만대인 것을 감안하면 3년 만에 시장 규모가 10배가량 커진 것이다.

 특히 2020년 이후 신종 코로나바이러스 감염증(코로나19) 여파로 건조기·의류관리기·식기세척기 등 3대 위생가전의 국내 시장 규모가 35%가량 커졌다.

 코로나19로 건강과 위생에 대한 관심이 높아지면서 위생가전이 필수가전으로 자리매김했다는 분석이 나온다. 위생가전은 대부분 프리미엄 제품군이라 삼성전자와 LG전자의 수익성 개선에도 크게 기여하고 있다.

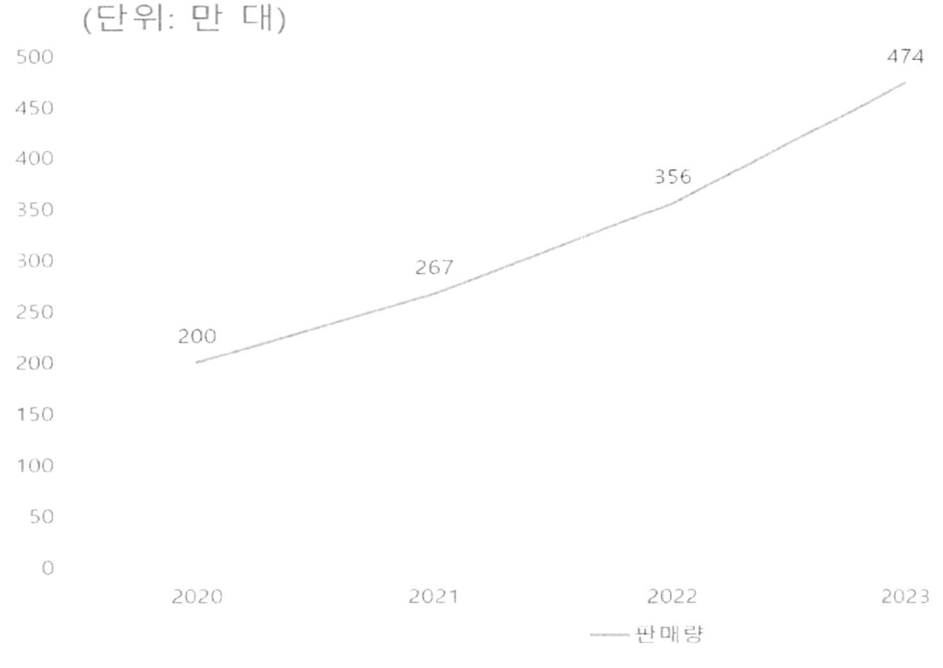

그림 28 의류 건조기 판매량 추이 및 전망

 제품별로 국내 건조기 시장 규모는 2020년 200만대에서 2021년 267만대로 33.3% 늘어날 것으로 예상되는데 현재 국내 건조기 시장은 삼성전자와 LG전자 양강 체제다. 위닉스의 윤 대표는 건조기 시장이 갈수록 더 커질 것이라고 자신했다. 윤 대표는 "

건조기를 사용하면 빨래 건조 시간이 1~2시간으로 확 줄어들고, 빨래를 펴서 널어 놓을 필요도 없다"며 "미국 등 선진국은 건조기가 필수 가전제품인데 국내에서도 건조기가 필수 가전이 될 것"이라고 강조했다.[13]

건조기와 함께 신생활가전으로 주목받고 있는 의류관리기 시장도 급성장하고 있다. LG전자가 세계 최초로 출시한 '스타일러'로 사실상 시장을 독점하고 있는 상황에서 삼성전자가 '에어드레서'를 출시하며 경쟁이 본격화됐다.

의류관리기 국내 판매량은 지난해 30만대 수준으로 1년 새 두 배로 커졌으며 2021년 올해도 건조기와 의류관리기의 질주는 계속될 것으로 보인다. 냉장고와 세탁기처럼 교체 수요가 아니라 신규 수요가 계속 창출되고 있기 때문이다.

유럽 가전시장의 강자인 '보쉬(BOSCH)'도 의류건조기를 앞세워 국내시장에 공략에 나섰다. 보쉬 콘덴서 의류건조기는 국내 전기 사용 상황에 맞게 변경된 한국형 제품이다. 보쉬 콘덴서 의류건조기는 옷감 친화적 건조시스템이 탑재돼 프로그래밍된 방식으로 세탁물을 정확하게 건조한다.[14]

---

13) 골리앗과 맞짱…대기업 독주 건조기시장 진출/ 매일경제
14) 유럽 가전 명가 보쉬, 韓 의류건조기 시장 공략 본격화/ 조선비즈

마. 진공청소기 시장
1) 세계 시장

미국의 경우, 대부분의 미국 가정이 매일같이 사용하는 주요 가전기기로 꾸준한 수요가 있고, 가성비를 기본적으로 고려하기는 하지만 가격과 성능이 일반적으로 정비례하는 제품군이기 때문에 우수한 흡입력 및 편의성을 위해서 고가의 제품도 기꺼이 구매하는 성향을 보인다.

건강에 대한 미국인들의 관심과 알레르기 등에 대한 경각심 상승도 시장 성장 요인으로 작용해 시장조사 전문기관 유로모니터(Euromonitor)에 따르면, 2016년 미국 진공청소기 시장은 판매 대수 기준 4600만 대로 3% 성장률을 기록했으며 시장 규모는 54억 달러에 달하고, 시장은 2021년까지 연평균 2% 성장하며 4900만 대 판매에 이를 것으로 전망된다.

글로벌 시장조사 및 통계 전문기관 Statista의 미국 진공청소기 시장 아웃룩(Consumer Market Outlook: Vacuum Cleaners, United States, 2021)에 따르면, 건식 및 습식(Wet & Dry) 진공청소기를 모두 포함한 2020년 미국 진공청소기 매출 규모는 전년 대비 약 5% 증가한 약 48억6000만 달러로 집계됐다. 미국 진공청소기 시장의 매출은 2012년부터 2020년까지 지속적인 성장세를 기록 중이며, 2020년 대비 2021년 미미한 감소세가 예상되지만 향후 5년간 연평균 약 2% 성장해 2025년까지 약 51억9700만 달러 규모에 이를 것으로 Statista는 전망하고 있다.

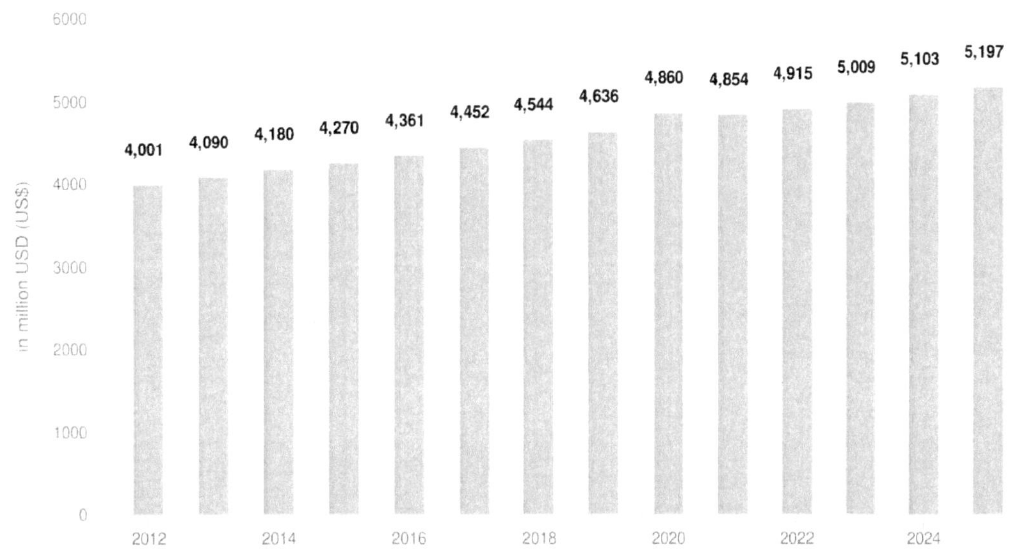

그림 29 2012~2025년 미국 진공청소기 매출 변화 추이 및 전망/ KOTRA

미국은 전 세계에서 중국과 인도 다음 3번째로 큰 진공청소기 소비 시장을 갖춘 국

가다. 글로벌 시장조사 전문기관 Euromonitor의 미국 진공청소기 시장 보고서 (Vacuum Cleaners in the US, 2021년 1월 발간)에 따르면, 각 가정의 필수 가전제품 중 하나인 진공청소기는 코로나19 팬데믹의 여파로 실내에서 보내는 시간이 급격히 증가하고 '청결'의 중요성에 대한 미국 소비자들의 인식이 상승하며 2020년 긍정적인 매출 성장을 기록했다.

진공청소기는 형태에 따라 크게 캐니스터형(Cannister/Cylinder), 핸디형 (Handheld), 스틱형(Stick), 수직형(Upright), 스팀형(Steam), 로봇형(Robotic) 등으로 나뉘는데, Euromonitor의 집계에 따르면 2020년 기준 전체 진공청소기 시장에서 약 43%를 차지한 수직형 진공청소기의 매출이 가장 높았다.

전통적으로 미국의 가정이나 상업 시설은 바닥이 카펫 형태로 된 경우가 많아 묵직한 무게로 카펫을 눌러주며 청소할 수 있는 수직형 진공청소기가 가장 많이 사용되기 때문으로 분석된다. 그 외에는 로봇형이 약 21%, 스팀형 약 11%, 스틱형 10%, 실린더형 약 6%, 핸디형이 약 5%의 매출 비중을 차지했다. 특히 2018년에는 전체 매출 중 약 4%만을 차지했던 로봇형 진공청소기는 2020년 약 21%로 높은 성장세가 눈에 띈다. 매출을 기록한 진공청소기 시장에 2020년은 그리 우울한 시기가 아니었던 것으로 보인다. 특히 값비싼 모델보다는 저렴한 제품들 위주로 인기를 얻고 있으며 최근에는 무선

작년부터 이어진 코로나19 팬데믹의 장기화로 미국인들의 청결 의식은 지금 그 어느 때보다도 높아졌다. 또한 재택근무나 가정학습 등으로 집에서 보내는 시간이 급격히 늘어남에 따라 집 안 청소할 거리가 예전보다 훨씬 많아지기도 했다. 따라서 전년보다 더 큰 제품이지만 배터리를 교환할 수 있는 스틱형 진공청소기와 로봇청소기 분야가 소비자에게 큰 관심을 끌고 있는 것으로 분석된다.

팬데믹 이후 로봇 진공청소기 제품은 특히 더 큰 주목을 받고 있다. 팬데믹을 기점으로 청소 분야에서도 자동화가 많이 이루어지면서 이제는 흔한 소매 매장뿐만 아니라 물류창고, 병원, 공항, 호텔 등에서도 로봇 청소기를 많이 찾아볼 수 있게 된 것이다. 또한, 로봇 청소기 제품도 점점 더 스마트해져 AI 및 빌트인 카메라 등의 기능을 적극적으로 차용하고 있는 것으로 보인다.[15]

---

15) 미국 진공청소기 시장동향/ KOTRA

2) 국내 시장[16]

 2020년 한 해 동안 청소기 시장 전체 규모는 전년 동기와 비교해 18.1% 성장해 두 자릿수의 성장률을 기록했다. 그 중 일반 진공청소기 규모는 7% 감소했으며, 물청소와 진공청소를 동시에 할 수 있는 습식진공청소기 판매는 62% 성장했다.

 한편 180만 대 규모로 성장한 국내 무선청소기 시장에서 주도권을 쥐기 위한 국내외 업체 간 경쟁이 날로 치열해지고 있다. 삼성전자와 LG전자 등 후발주자들이 전통의 강자로 불리는 영국의 다이슨을 밀어내고 빠르게 점유율을 확대해 나가면서 우위 선점을 위한 세 업체 간 기술과 가격 경쟁이 심화되고 있는 것이다.

 국내사들은 더 가볍고 강력해진 제품은 물론, 전용 자동 먼지배출시스템과 같은 차별화된 기술을 선보이며 해외시장 공략에도 속도를 내고 있다. 관련 업계에 따르면 '프리미엄 스틱 청소기' 시장(오프라인 시장 기준)에서 삼성전자와 LG전자 제품의 판매 비중은 지난 9월 기준 약 90%에 달하는 것으로 집계됐다. 반면 다이슨의 점유율은 10%가량을 기록했다.

 2021년 현재 업계는 국내 무선청소기 시장 점유율을 LG전자 40~50%대, 삼성 30%대, 다이슨 10~20%대로 추정하고 있다. 지난 2016~2017년까지만 해도 다이슨은 무선청소기 시장에서 점유율 80%대를 기록하며 독주했다. 하지만 2018년부터 분위기가 달라졌다. LG전자가 바닥을 물걸레로 닦는 국내 문화를 고려해 무선청소기에 물걸레 키트가 달린 신제품을 출시하면서 판도가 바뀌었다.

 국내 제조사들은 2020년부터 혁신적인 제품을 앞세워 시장 점유율 확대에 주력하고 있다. 삼성전자는 무선청소기 '제트'의 전용 자동 먼지배출시스템인 청정스테이션을 새롭게 선보였다. 삼성전자 관계자는 "이런 편의성 덕분에 지난 3~8월 제트 판매는 지난해 동기 대비 약 4배 늘었다"고 말했다.

 LG전자는 2020년 3월 더 가볍고 편리해진 프리미엄 무선청소기 'LG 코드제로 A9S 씽큐'를 출시했으며 이에 맞서 다이슨은 360도 헤드가 돌아가는 무선청소기 '옴니 글라이드'와 무게가 1.9kg으로 가벼운 '디지털 슬림' 등을 선보이기도 했다.

 국내 업체들은 해외시장 공략에도 적극적으로 나서고 있다. 삼성전자는 북미, 중남미, 유럽, 동남아, 대만 등 21개 해외 법인에서 무선청소기를 판매 중이며 LG전자도 미국, 호주, 대만 등 12개국에서 제품을 판매하고 있다.

---

16) LG·삼성 무선청소기, 다이슨 점유율 '진공 흡입중' / 문화일보

바. 마스크 시장
1) 세계 시장

 태국의 경우 방역 및 호흡 마스크는 의료용, 산업용 그리고 실험실 내 위생을 위해 널리 사용된다. 또한 매년 12월에서 3월 사이 북부, 북동부 및 중부 지역 내 초미세 먼지(PM 2.5)가 심각해 고성능 호흡 마스크에 대한 수요가 증가하는 추세이다. 태국 내 미세먼지 이슈는 계절적 요인(기후 조건), 산불, 대량 농업 부산물 소각, 공장 가동 및 발전소 사업 등이 주원인이다.

 지난 2020년 태국 내 코로나19 유행 초기 태국 공중보건부 산하 질병통제국은 대중에게 코로나19 확산 방지를 위해 외출 시 마스크 착용을 강력 권고했다. 이후 전 세계적으로 세균 비말 차단 기능 마스크에 대한 수요가 급증하자 태국도 몇 달 간 마스크 공급 부족에 시달린 바 있으며 이에 더하여 코로나 피해가 심한 국가에서 온 여행자들의 태국 대도시에서 유통되는 마스크 싹쓸이, 수출업체들의 마스크 비축, 암시장을 통한 고가 판매, 소매가격 폭등 등으로 마스크 대란이 악화되었다.

 코로나19 발생 이전 3겹 수술용 마스크 50장이 약 45~60 밧(1.4~1.9달러)에 판매되었으나 품귀 현상 발생으로 가격이 500~1,500 밧(16~48.1달러)으로 1000% 이상 급등했다. 이에 따라 당시 대중은 고가 마스크, 저 품질 마스크, 심지어 불법적으로 사용된 마스크까지 수거하여 재판매하는 문제에 직면하기도 했다.

 태국의 먼지, 연기 및 독성 방지를 위한 안전 마스크(HS 6307.90.90.001) 수입 역시 지난 3년 연속 증가세를 보였다. 2020년 기준 태국은 총 4301만 달러의 마스크를 수입하여 전년도 745만 달러 대비 수입 규모가 477.4% 상승했다. 1위인 중국산 수입은 2019년 대비 723.0% 증가한 2848만 달러로 총 수입의 66.2%에 해당했다. 2위인 싱가포르산은 778만 달러, 3위 일본산은 254만 달러를 기록하면서 각각 18.1%, 5.9%의 비중을 차지했다. 한국산의 경우 태국의 10대 기타 마스크 수입국 중 인도네시아 다음으로 높은 증가율을 보이면서 193만 달러가 수입되어 4위에 올랐다.[17]

 한편 페루의 경우 보건 마스크 내수 생산 시설이 없어 전량 수입에 의존하고 있으며, 다른 국가들과 마찬가지로 코로나19 의 대유행으로 2020년부터 마스크 수요가 급증하였다. 2020년 기준 페루에서 보건 마스크 수입규모는 약 4.5억 USD 규모로 2019년 대비 약 80배 가까이 증가하였다.

 코로나19 이전에는 미국산 보건 마스크가 시장 점유율 1위를 차지하고 있었으나, 코로나19 이후 마스크 수요가 급증하면서 저렴한 중국산 마스크 수입이 크게 증가하였

---

17) [태국 마스크 시장 동향/ KOTRA

다. 이로 인해 지난해 동안 중국산 보건 마스크는 시장점유율 94.53%를 차지하였다. 다만 2020년 7월 페루 식약처(DIGEMID)에서 보건 마스크(KN95, N95, FFP2, FFP3, KF94 등) 수입 시 반드시 위생 등록(Registro Sanitario)을 통하여 사전 수입 승인을 받도록 수입 규정을 강화한 이후 중국산 마스크의 시장 점유율은 하락세를 보이고 있다.

일본의 경우 화분증(꽃가루 알러지)나 독감 예방으로 항상 일정량의 마스크 수요가 있었던 시장이지만 예상치 못한 코로나19 사태는 일년 내내 마스크 수요를 창출했다. 처음에는 소비자에게 부정적인 인식을 주던 검정색 마스크도 해외에서 들여오고 있고 현재 일본 기업도 검은 마스크, 회색 마스크 등 다양한 색상의 마스크를 생산하면서 기존 '마스크 = 하얀색'이라는 이미지를 바꿨다. 한국 연예인이 검은 마스크를 사용하는 것도 일본에 전파되며 더욱 영향을 미쳤다.

또한 값이 싼 부직포 마스크가 부족해지며 해당 마스크의 가격이 급증했다. 대체품으로 비싼 면 마스크, 우레탄 마스크가 유통되며 마스크 전체 시장 규모(판매액)를 올리는 요인이 됐다. 리서치회사인 후지경제의 조사에 의하면 2020년의 시장 규모(판매액)는 전년대비 12.1배 증가한 5020억 엔, 마스크 전체 판매수량은 전년대비 3.5배 증가한 197억 장을 기록할 것으로 예측하고 있다.[18]

---

18) 일본에서 한국 마스크로 불리는 KF94 마스크, 수출 키포인트는?/ KOTRA

2) 국내 시장

식품의약품안전처에 따르면 2021년 1월 기준 의약외품 마스크의 총생산량은 1억 7,353만 개로 나타난다. 또한 의약외품 마스크 제조업체 및 품목 허가 수는 각각 1,185개소, 4,260 품목으로 지속적으로 증가하고 있다.[19]

< 마스크 제조업체 및 품목 허가 현황 >

구분		'20년 1월	'20년 6월	'21년 1월
마스크 제조업체		137업체	238업체	1,185업체
품목 허가	합 계	1,012품목	1,717품목	4,260품목
	보건용 마스크	953품목	1,525품목	2,558품목
	비말차단용 마스크	-	120품목	1,224품목
	수술용 마스크	59품목	72품목	478품목

보건용 마스크는 지난 1월 953품목에서 6월 1525품목으로 늘었으며, 11월 4주에는 2147품목으로 증가했다. 2021년 제조업계에서는 마스크 사업으로 고수익을 올리는 일부 사례가 조명을 받으면서 마스크 사업에 뛰어드는 업체들이 줄을 잇고 있다. 최근에는 그간 마스크 사업을 하지 않던 업체들도 가세하고 있다.

국내 1세대 내의업체인 쌍00도 마스크 사업에 뛰어들어 헬스케어 전문기업 오엔케이와 마스크 공급 계약을 맺었다. 쌍방울 관계자는 "현재 판매 중인 KF94 마스크와 천 마스크 생산을 강화하고 덴탈마스크도 제조할 계획"이라며 "KF94 방역 마스크 총 1740만 장(124억 원 규모)을 연말까지 공급하기로 했다"고 밝혔다. 쌍방울 외에도 코스닥 상장사인 도료 생산기업 자안도 최근 황사용 마스크, 의료용 마스크, 항균 마스크 생산에 나섰다. 내의업체부터 코스닥 상장사까지 마스크 시장에 뛰어드는 지금의 상황은 마스크 사업의 수익성을 방증한다.

제조업체들은 마스크 제조업 관련 창업 컨설턴트 앞에 줄을 서느라 바쁘다. 서울과 수도권을 중심으로 문전성시를 이루는 마스크 관련 창업 컨설팅 업체 20여 곳이 있다. M업체는 "4월 중순부터 마스크 제조업 창업 상담이나 마스크 공장 부지를 찾아 달라는 문의가 줄짓고 있다"며 "마스크 제조업이 소액으로도 시작할 수 있는 업종이

---

19) 마스크 생산 등 수급 동향/ 식품의약품안전처

다 보니, 개인 자산가의 문의도 많은 편"이라고 전했다.

 마스크 제조업체들이 우후죽순 생기는 상황에서 앞으로 국내 마스크 시장은 어떻게
될까. 숙명여대 경영학부 교수는 "마스크 시장은 여전히 유망한 업종이다. 앞으로 마
스크는 패션화·고급화·브랜드화 방향으로 흘러갈 가능성이 크다"면서도 "생산설비를
무턱대고 증설하는 것은 바람직하지 않다. 향후 코로나19 백신이 개발될 경우 마스크
시장이 타격을 입을 수 있다는 점을 염두에 둬야한다"고 말했다. 20)

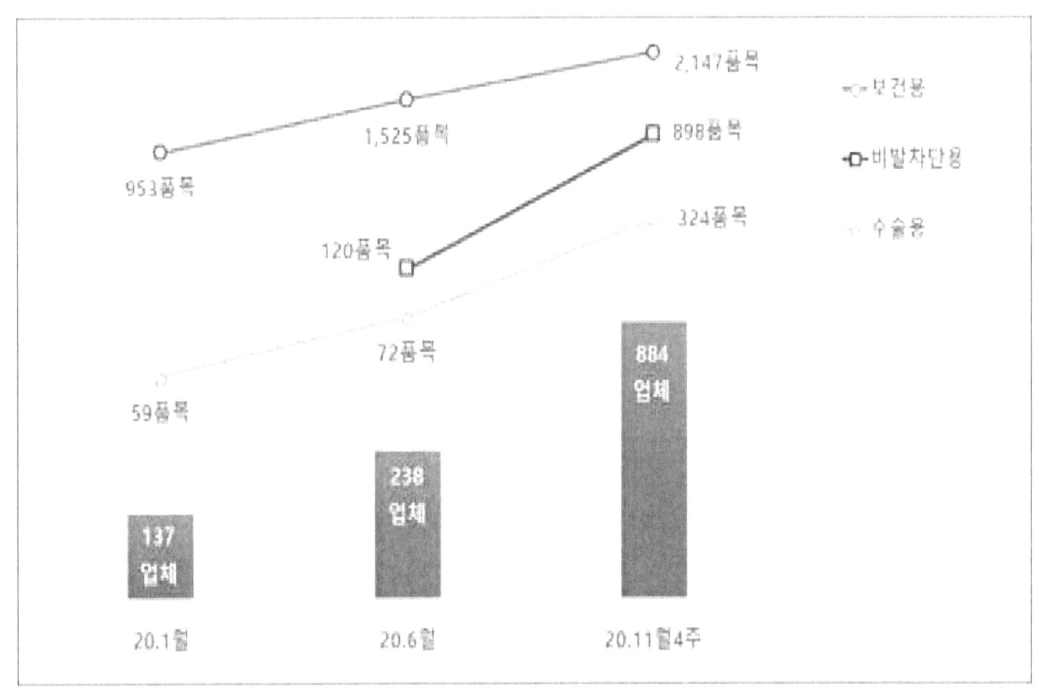

그림 30 마스크 제조업체 허가 및 품목 수 동향

 한편, 애완동물 전용 마스크, 아동용 필터교체식 마스크 등 특정 소비층을 겨냥한
마스크도 특허 출원되거나 제품으로 출시되고 있다. 이는 개인의 행복 중시, 1~3인가
족 증가 등 가치소비 확산과 가구의 소형화에 따른 소비시장의 변화가 반영된 것으로
보인다.21)

---

20) 신동아/ 마스크 제조업체 얼마 벌었나보니
21) 미세먼지가 몰고 온 마스크 전성시대, 특허청

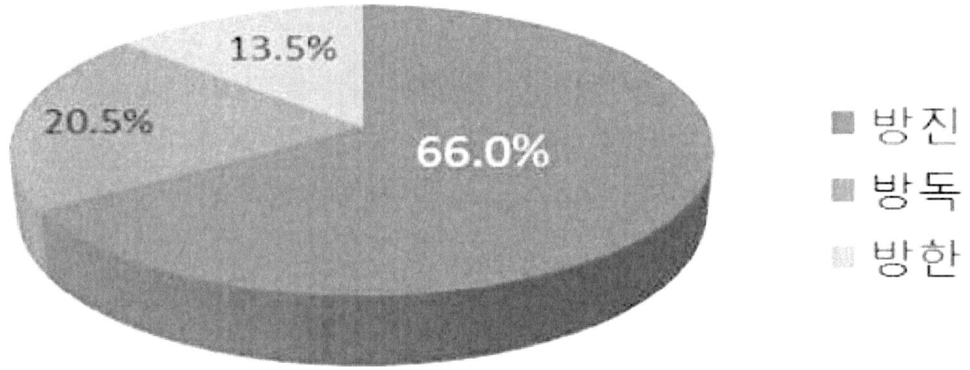

[그림 31] 마스크 기능별 출원 비율

05

미세먼지 관련 기술 동향

5. 미세먼지 관련 기술 동향
가. 대기 환경 측정 및 모니터링 시스템[22]

대기 환경 측정 및 모니터링 시스템은 고정·이동 배출 오염원으로 부터 대기오염물질 배출량을 측정하고 유해 대기오염물질을 진단하는 등 통합적인 분석 및 모니터링을 수행하는 시스템 기술을 의미한다.

본 기술은 대기오염물질 배출량 측정 및 유해 대기오염물질 현황 등을 모니터링하는 기술로 광화학 오염 관리 기반 기술, 위성을 활용한 대기오염 감시 기술 및 대기오염물질 정밀분석 기술 등을 포함한다.

주요 제품으로는 측정 시스템과 분석·자료 수집 및 평가 시스템이 있다.

분야	세부 제품 및 기술
측정 시스템	- 가스 포집기(샘플러) - VOCs 센서 - 이동원 오염물질(CO, SO2, NOx, 오존 및 탄화수소 등) 측정기 - LFG LFG(Land Fill Gas) : 매립지 가스 /Odorous 가스 센서 등
분석 · 자료 수집 및 평가 시스템	- 농도 및 성분 분석 시스템 - 자료 수집 장치 - 중간자료 수집기 - 통신회선 등

[표 10] 대기 환경 측정 및 모니터링 시스템 제품분류 관점의 범위

시장조사업체 메티큘로스 리서치(Meticulous Research)에 따르면 환경 모니터링 시장은 2019~2025년 연평균 7.5% 성장해 2025년에는 210억8,000만 달러에 이를 것으로 예상된다.

이 시장의 성장은 주로 환경 모니터링 프로그램에 대한 정부 자금 지원 증가, 환경오염 수준 저감을 위한 정책과 시책 개발, 환경 감시소 설치 증가, 환경오염에 대한 대중의 인식 증가와 같은 요인에 의해 주도된다. 그러나 환경 감시 솔루션 및 제품 관련 기술 문제와 관련된 높은 비용, 환경 기술에 대한 무역 장벽, 그리고 신흥국에서의 오염 통제 정책의 더딘 실행은 이 시장의 성장을 방해한다.

---

22) 중소기업 기술 로드맵 2019~2021

전체 환경 모니터링 시장은 크게 환경모니터링센서, 환경모니터, 환경감시 소프트웨어, 기타 환경감시시스템/제품으로 4개 부문으로 분류된다. 환경모니터링센서 부문은 2019년 전체 환경 모니터링 시장 점유율 1위를 차지한 바 있다. 운영 유연성, 다기능성, 소형 장비 크기, 낮은 유지관리 비용, 모니터에 비해 낮은 공간 요구 조건, 센서 및 센서 부품의 소형화와 같은 기술 발전 등 여러 가지 장점이 2019년 환경 센서 시장에서 가장 큰 비중을 차지했다.

또한 전체 환경모니터링 센서 시장은 크게 아날로그 센서와 디지털 센서로 2개 부문으로 분류된다. 디지털 센서 부문은 더 많은 데이터를 전송할 수 있는 능력, 케이블 수 감소, 필요할 때마다 데이터를 저장하고 검색할 수 있는 능력 등 장점으로 인해 2019년 환경모니터링센서 시장 점유율 1위를 차지했다.

전체 환경모니터링센서 시장은 크게 미세먼지 검출, 화학물질 검출, 온도 감지, 압력 감지, 소음 측정, 기타 등의 분야로 분류된다. 미세먼지 감지 센서 부문은 2019년 전체 환경 모니터링 센서 시장 점유율 1위를 차지했다.

지리적으로 세계 환경 감시 시장은 북미, 유럽, 아태지역, 중남미, 중동, 아프리카 등 5개 주요 지역으로 분류된다. 첨단 모니터링 기술의 채택 증가, 높은 정부 투자, 미국 환경보호기관의 엄격한 감시, 환경보호를 위한 노력과 이니셔티브의 증가가 이 시장에서 북미가 가장 큰 수요처임을 잘 보여주고 있다. 한편, 환경정책의 이행증가, 환경 규제에 준하는 환경감시시설의 증가, 급속한 산업화로 아태지역의 대다수 국가에서 환경모니터링 시장 성장은 더욱 가속화될 전망이다.

현재 미국, 일본, 독일 등 선진국이 관련 분야 기술 시장을 주도하고 있는 상황에서 국내 대기 환경 모니터링 관련 제품들의 소형화, 고신뢰성, 고감도 센서 개발 투자로 장시간 기술적 노하우 확보를 통해 시장 점유율 증가가 필요하다.

중국, 인도 등 신흥국 중심으로 대기오염물질 배출규제 강화에 따라 대기 환경 측정 및 모니터링 시스템 기술 시장은 지속적으로 급격한 성장이 예상되며, 이에 대한 국가의 적극적인 지원과 시장진출 모색 또한 필요한 것이 사실이다.

따라서, 대기 환경 측정 및 모니터링 시스템에 활용되는 센싱 기술을 이용하여 원격 감시 시스템의 위치 파악 알고리즘, 취득 데이터를 전송하기 위한 유ㆍ무선 통신 시스템, 종합 상황관리 시스템 등 패키지로 제품 우위성 및 가격경쟁력을 확보 및 정부의 적절한 지원정책을 통해 향후 국가의 주요 산업으로 발전할 수 있도록 기여할 필요가 있다.

1) 기술 동향

 환경 모니터링 기술은 미세먼지 측정 시스템 기술의 한 부분으로, 미세먼지 측정 시스템은 크게 감지기술, 분석기술, 모니터링 기술로 나눌 수 있다.

분류	요소기술	설명
감지기술	미세먼지 감지센서 기술	MEMS기술, 광학기술을 융합하여 미세먼지를 감지하는 센서기술
	미세먼지 감지장치 기술	기존 고정 측정 장치 포함 차량 및 드론 등을 활용한 이동관측 플랫폼 응용 기술
분석기술	미세먼지 정보 분석기술	미세먼지의 실시간 농도·성분 측정 원천기술을 확보하고, 미세먼지 정보를 통합 분석하는 기술
	감지센서 네트워크 기술	미세먼지 감지센서에서 발생되는 정보를 유무선 통신망을 이용 센서 네트워크를 형성기술
모니터링 기술	미세먼지 예보 기술	육상 뿐만아니 상공과 해상을 포함하는 미세먼지 정보를 입체적으로 분석하여 해외 유입량, 국내 오염원별 기여도를 빅데이터·인공지능 적용 등을 통해 모니터링하고 미세먼지를 예보하는 기술

[표 11] 미세먼지 측정 시스템 기술

 미세먼지 측정 시스템의 요소기술별 주요 국가별 특허정보 데이터를 통해 최근 5년간의 특허데이터를 비교 분석한 결과, 국가별 요소기술별 특허동향에서 미국이 가장 활발한 연구개발을 하고 있으며, 그 다음으로는 한국, 유럽, 일본 순으로 나타났다.

 세부적으로 감지 기술분야에서는 미국이 가장 많은 비중을 차지하고 있으며, 일본이 상대적으로 적은 출원량을 보유하고 있다. 분석 기술 분야는 한국이 가장 많은 특허출원 비중을 보이고 있으며, 유럽 및 일본이 상대적으로 적은 특허출원을 나타내고 있다.

 모니터링 기술은 한국이 가장 많은 비중을 차지하고 있으며, 유럽 및 일본은 최근 5년간 특허활동이 매우 저조한 편으로 나타났다.

분류	요소기술	주요출원인	국내 특허동향
감지기술	미세먼지 감지센서 기술	FORD DENSO 현대자동차 등	중소기업이 주도 비즈니스랩, 평화엔지니어링 등
	미세먼지 감지장치 기술		
분석기술	미세먼지 정보 분석기술	동의대학교 동국대학교 Johnson Matthey PLC	대학이 주도 동의대학교, 동국대학교 등
	감지센서 네트워크 기술		
모니터링 기술	미세먼지 예보 기술	Google Inc. Honeywell International Inc. 한국과학기술 연구원	공공기관이 주도 한국과학기술연구원, 한국표준과학연구원, 환경부 등

국내 특허동향을 살펴보면 미세먼지 감지 기술은 중소기업 중심, 분석기술은 대학이 주도하고 있으며, 모니터링 기술은 공공기관이 주도하여 연구개발이 진행되고 있는 것으로 나타났다.

미세먼지 감지 센서 기술은 미세먼지의 측정 수요가 폭발적으로 증가함에 따라 광산란법 기반의 휴대용 기술이 출원 되었으며 PM2.5 이하의 더 작은 초미세먼지에 대응하기 위해 SMPS7, WPS8 및 화학적 조성(탄소, 질소, 황, 중금속 등)의 측정 기술이 개발 중에 있다.

미세먼지 감지 장치는 초미세먼지의 특성 및 내부발생 특성을 파악을 위해 전국 단위의 측정분석이 요구되고 있어 실시간 초미세먼지의 입자의 입경별 분포 특성 및 초미세먼지의 시공간적 다양한 조건별 측정자료 확보를 위해 자동차, 드론 등에 접목되어 이동관측 플랫폼으로 발전하고 있다.

미세먼지 분석 및 네트워크 기술은 초미세먼지의 시공간적 다양한 조건별 측정자료 확보를 위해서 상대 농도계에 의한 간접측정방법인 광산란식 측정기기의 신뢰성과 정확성 확보하고 있으며 IoT 센서 등을 활용해 스마트폰 앱과 연동하여 관리자 뿐만 아니라 미세먼지 정보를 공개하는 S/W를 개발 중이다.

미세먼지 모니터링 기술은 기상모델과 협업을 통한 정확도 높은 예보 모델을 구축중이다.

미세먼지 측정 시스템 분야의 공백기술 분야는 미세먼지 분석 기술로 나타난다.

국내 미세먼지 측정 시스템 시장은 인체에 미치는 영향을 파악 및 생태계에 미치는 영향을 파악 할 수 있도록 대기질 현황파악, 환경기준 초과여부의 감시 및 국내.외 배출원 감시 및 미세먼지 DB 구축을 위한 정확한 분석 기술이 필요한 상황이다.

현재 미세먼지예보는 매우 낮은 정확도를 보이고 있으며 이를 개선하고 신뢰성을 확보하기 위해 수집한 미세먼지 데이터의 물리. 화학적 성분, 존재형태, 배출원 등 특성을 시공간적으로 연계하여 분석하기 위한 기술 확보가 필요한 상황이다.

해당 기술을 개선하기 위해 미세먼지 데이터 분석을 위한 알고리즘 패러다임, 분산 병렬 컴퓨팅, 빅데이터 선결 조건을 만족시킬 수 있는 기술을 개발하고 이를 딥러닝과 연계시킨 미세먼지 정보 분석기술전략 수립이 필요하다.

따라서 해당분야를 연구하고 있는 공공연구기관의 기술을 이전받거나 공동은 연구개발하여 제품화하는 특허전략을 수립하는 바람직할 것으로 예상된다.

2020년 이후 공기산업용 스마트센서가 주목받고 있다. 공기산업용 스마트센서란 대기나 실내의 환경 변화를 감지하는 센서·모듈을 말하는데 현재는 센서의 소형화 및 네트워크화 등을 통해 스마트화 및 모니터링이 가능하도록 하는데 까지 발전했다. 대기오염, 자동차 배기, 토양 진단, 수질 관리 등 많은 분야에 적용되고 있으며, 전자식 형태의 소형 센서가 많이 사용된다.

하지만 현재 상용화된 미세먼지 센서는 대부분 광산란 기법을 활용해 미세먼지 질량 농도를 추정하는데, 실제 미세먼지 농도와 오차가 40~90%까지 날만큼 신뢰도가 매우 낮다. 뿐만 아니라 미세먼지의 다양한 특성(수농도, 질량농도, 크기 분포, 화학적 조성)도 측정하지 못한다.

따라서 기존 고정밀 입자 분석 장비 혹은 휴대용 미세먼지 센서로는 불가능했던, 미세먼지의 다양한 특성(물리적 특성, 화학적 조성 등)을 현장에서 실시간 측정할 수 있는 솔루션이 필요하며 이런 솔루션에는 ▲입자상 오염물질 측정진단 기술 ▲가스 대기환경규제물질 측정진단 기술 ▲실내 부유 미생물 탐지기술 ▲방사능 센서 기술 등이 있다.

공기산업용 센서 시장은 과거 산업지역의 가스 누수, 가정의 일산화탄소 경보기 등 제한된 범위를 벗어나 하루가 다르게 발전하고 있다. 우리나라 센서 관련 내수시장도 2012년 약 54억 달러규모에서 2020년 99억 달러 규모로 연평균 10.9% 성장했지만

이 중 국내 기업의 내수시장 점유율은 11.2% 수준으로 매우 낮다. 이는 측정 및 모니터링에 사용되는 장비와 핵심센서 대부분을 수입에 의존하고 있기 때문이다.

  센서의 개발은 정밀한 고급 기술로서 환경뿐만 아니라 전 산업에 연계 효과가 크며 환경이 앞으로의 키워드인 만큼 국내뿐만 아니라 해외 수출에도 기여를 할 수 있다는 인식으로 정부의 적극적인 지원, 기업의 끊임없는 연구개발이 절실하다.

나. 에어가전[23][24]

에어가전은 공기청정기, 선풍기, 에어컨, 제습기 등 실내 공기의 상태를 조절하는 가전을 통칭하는 개념으로, 최근 초미세먼지 등 대기오염 이슈로 인해 공기청정기능이 공통적으로 포함된 복합기의 형태로 발전하고 있는 추세다. 공기청정기는 공기 중의 오염물질을 제거하는 방식에 따라 기계식, 전기식, 복합식으로 분류하며, 세부적으로는 적용원리에 따라 상세 분류되고 있다.

기계식	필터식(건식)	집진필터식: 전처리 및 헤파필터 이용 분진 제거 흡착필터식: 활성탄 이용 유해가스 흡착
	전기식	둘 이용 분진 및 유해가스 제거
습식	전기집진식	고전압 이용 분진을 하전, 집전판에 부착하여 제거
	음이온식	고전압으로 음이온 생성, 공기 중으로 공급
	플라즈마식	플라즈마로 양/음이온 생성, 유해가스 제거
	UV광촉매식	TiO에 자외선 조사로 생성된 OH라디칼 및 활성산소의 산화/환원으로 악취 및 유해가스 제고
복합식	기계식과 전기식 등과 같이 기능 복합 작용	

[그림 33] 공기청정기 방식별 분류

공기청정기 기술의 핵심은 필터 시스템에 있으며 각 방식에 따라 다른 원리가 적용되고 있다. 국내 환경부 조사에 따르면 필터식 제품에서는 오존이 거의 발생하지 않았으며, 복합식 제품도 국내외적으로 적용되는 기준치 이내로 오존이 검출된 것으로 조사되었다.

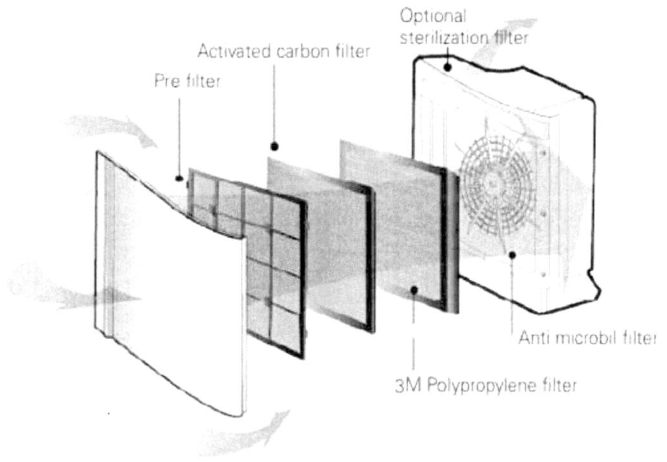

[그림 34] 기계식 공기청정기 필터 시스템

---

23) 중소기업 기술 로드맵 2019~2021
24) 공기청정기, KISTI, 2015

그러나 다수의 음이온식 제품에서는 오존이 기준치 이상 발생할 가능성이 높은 것으로 파악되고 있다. 오존은 다양하게 사람에게 영향을 미치는데 주로 호흡기계에 영향을 주는 것으로 나타나고 있다.

기술개발시급성(10), 기술개발파급성(10), 단기개발가능성(10), 중소기업 적합성 (10)을 고려하여 평가된 핵심요소기술은 다음과 같다.

분류	핵심기술	개요
센서기술	습도 감지센서	열전도, 세라믹, 전해질, 고분사 등을 이용한 습도 센서 기술
	초미세먼지 감지센서	열감지 적외선, 먼지광량 측정 광학식 등 미세먼지 감지 센서 기술
기능고도화기술	공기정화 및 탈취기술	미세먼지, 오염물질 제거를 위한 필터 고도화 기술
	에너지 고효율화 기술	휴대용/차량용 등 신제품 수요에 대응 가능한 저전력 고효율 공기정화 기술
	사용자 맞춤기술	사용자가 원하는 공기 상태(온도, 습도, 유속 등)를 측정하고 최적화 하는 기술
	IoT기술	월패드, TV, 음향기기, 휴대폰, 웨어러블 디바이스등 주변 가전과의 연계를 통한 기능 고도화 기술
모니터링 기술	원격 제어기술	공기상태 모니터링 장치로부터 유무선 단말기를 통해 제어할 수 있는 통신기능이 결합된 제어기술

[표 13] 에어가전 분야 핵심기술

1) 세계 기술 동향

에어 가전의 국가별 출원 비중을 살펴보면 일본이 전체의 42.4%로 최대 출원국으로 에어가전 기술을 리드 하고 있는 것으로 나타났으며, 미국이 25.3%, 한국은 21%, 유럽은 11.3% 순으로 나타났다.

미국의 경우, TechSci Research사에 따르면 공기오염이 심화되어 호흡기 질환(천식, 만성 폐식성 폐질환 등) 발생률이 증가하면서 안전한 실내 환경 조성에 대한 인식 확산으로 공기청정기 판매가 증가했다고 보고 있다.

미국 내에서 시장주도권을 장악하고 있는 HEPA(High Efficiency Particular Air)필터를 사용하는 공기청정기가 향후에도 시장을 주도할 것으로 전망되지만 활성탄 여과기, 이온 발생기 등의 수요도 점차 높아질 전망이다.

HEPA 필터와 활성탄 여과기가 조합된 제품이 미국 내에서 큰 호응을 얻고 있는 가운데 향후 5년 동안 연 9% 연평균 성장률을 보일 것으로 전망되고 있다. Euromonitor International에서는 미국 공기청정기 판매액이 약 15%에 이를 것이라는 다소 높은 전망치를 내놓고 있다.

미국 공기청정기 제품 종류로는 크게 필터(Conventional Filtration)형 제품, 정전기(Electrostatic)형 제품, 이온(Ionic)형 제품으로 구분할 수 있으며, 이 중 전통적인 필터형 제품이 차지하는 비중이 53.5%로 가장 높으며, 그 뒤로는 정전기형 제품이 34.1%, 이온형 제품이 7%를 차지하고 있다.

Euromonitor에 따르면 2017년 기준 미국 내에서 판매된 공기청정기 수량은 약 540만 대에 이르며, 향후 5년간 꾸준히 판매량이 증가해 2022년에는 약 630만 대의 판매가 예측된다.

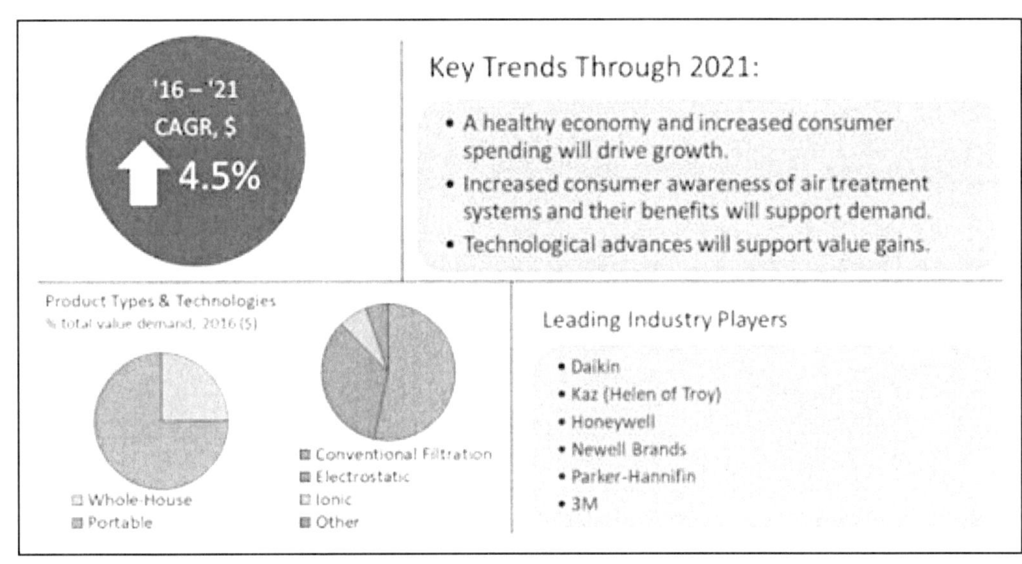

[그림 35] 2016~2021년 미국 공기청정기시장 핵심 트렌드

Euromonitor에 따르면 공기청정기를 포함한 미국 공기처리 제품의 유통은 크게 매장 중심의 소매점과 매장이 없는 소매 형태로 나누어진다. 이 중 매장 중심의 소매점에서 공기처리 제품의 83.9%가 유통되고 있으며, 나머지 16.1%가 매장 없는 소매 형태로 유통되고 있다.

매장 기반의 소매 형태로는 가정 및 정원용품(Home and Garden) 전문소매점이 38.8%를 차지하고 있으며, 가전제품 전문소매점에서는 5.7%만이 유통된다. 그 외에는 대형마트에서 22.8%가 유통되며 백화점이나 대형 할인매장에서도 약 15%가 유통되나 그 비율은 하락세를 보이고 있다.

매장 없는 소매 형태로는 온라인 쇼핑과 홈쇼핑이 있으며, 이 중 온라인 쇼핑은 14.9%의 비중을 차지하며 지속적인 증가세를 보였다. 가격과 리뷰 비교가 용이하고 시간과 장소에 구애받지 않고 쇼핑할 수 있는 Amazon과 같은 온라인 소매업계가 공기청정기 판매에서도 강세를 보이고 있다.

미국의 가전제품 리뷰 웹사이트인 Smart Home dot Guide에서는 2018년 소비자들에게 좋은 반응을 얻은 가격대별 주요 공기청정기 제품 정보를 제공하고 있으며, 이 중 한국 제품인 Winix와 Coway 제품도 포함돼 눈길을 끌고 있다.

한국산 두 제품은 에너지 절약 소비자 제품의 사용을 장려하는 미국의 자율 인증 프로그램인 Energy Star 인증까지 갖추었으며, 고성능 먼지 필터인 HEPA 필터를 사용하고 있다.

HEPA(High Efficiency Particulate Air) 필터란 미국 에너지부의 인증을 받은, 0.3 ㎛(마이크로미터) 이상의 먼지 입자에 대한 제거 효율이 99.97% 이상인 고효율 먼지 포집 필터로, 호흡기내과 박사 Eli Hendel은 ABC뉴스와의 인터뷰에서, 공기청정기 구매 시 이 'HEPA Filter' 표기가 있는 제품을 고르는 것이 좋으며 HEPA-like 혹은 HEPA-type 등의 유사 표기에 주의할 필요가 있다고 조언했다.[25]

시장조사기관 NPD그룹에 따르면 2020년 이후 코로나19로 미국 전역에 셧다운 조치가 내려지기 시작한 이후 공기청정기 판매는 전년 동기 대비 배 가까이 증가했다. 가정에서 머무는 시간이 길어진데다 전염병 확산으로 웰빙에 관심도가 커진 것이 그 요인으로 지목됐다.

거기에 캘리포니아주 북부지방과 오리건주, 워싱턴 등 서북부를 중심으로 초대형 산불이 발생하면서 대기질이 급격히 악화된 것도 공기청정기 수요 확대를 부추겼다. 이 산불로 3200만 에이커가 불타고 4000채 이상의 가옥 등이 불탄 캘리포니아주의 개빈 뉴섬 주지사는 "산불이 발생한 지역에서 호흡하는 것은 담배 20갑을 흡연하는 것과 같다"라고 경고했다. 샌프란시스코 주거지 인근 상점의 공기청정기는 동이 났고 에어컨 필터 교체 혹은 필터 시스템 설치 문의도 잇따르고 있다고 보도된 바도 있다.

미국의 공기청정기 수요는 더욱 증가할 것으로 보인다. 일부 지역의 학교들이 대면 수업을 재개하면서 교실 내 공기청정기 설치를 계획하고 있기 때문이다. 매사추세츠주 로웰시 교육청은 안전한 대면수업 재개를 위해 벤더와 계약을 맺고 교내 공기청정기를 설치하기로 했으나 최근 코로나19와 미 서부 산불로 주문한 제품 공급이 제대로 이뤄지지 않아 부득이하게 대면 수업 일정을 미루었다.

식당들도 공기청정기 확보에 나섰다. 코로나19로 실내에서 하는 식사에 거부감을 최소화하기 위해 노력하고 있다며, 지역 식당들의 사례를 소개했다. 미국 내 120개 이상의 식당을 운영하는 레스토랑 그룹인 레터스 엔터테인 유는 100만여 달러를 투자해 10월 말까지 모든 식당에 공기정화 시스템을 설치할 예정이다. 시카고 웨스트타운에 있는 포멘토스 이탈리안 식당은 테이블마다 이동형 공기청정기를 마련했다. 또 공기조화(HAVC) 전문가와 상담을 통해 1만3000달러를 들여 식당 내 5중 공기정화 시스템을 설치하기로 했다.

시장조사기관 IBISworld(Air Purification Equipment Manufacturing)는 2021년 미국 공기청정기 제조업 시장 규모가 29억 달러로 이 가운데 48.8%가 일반 공기청정기 제품, 41.1%가 상업용 제품이 될 것으로 내다봤다. 소비자 지출규모 확대와 건강과 안전에 대한 관심도가 일반 공기청정기 제품 수요의 주요인으로 분석된다. 미국

---

25) 꾸준히 수요 증가하는 美 공기청정기 시장 전망/KOTRA

내 공기청정기 수요 중 수입 의존도는 41.2%이다. 공기청정기 제조업 시장 규모는 2025년 32억600만 달러에 이를 것으로 전망된다.[26]

한편 2021년 미국 샌프란시스코에 기반을 둔 혁신적인 공기 청정 솔루션 '몰리큘(Molekule)'이 한국 시장에 공식 진출한다. 몰리큘은 '2020 에디슨 어워드(2020 Edison Awards)' 금상을 포함한 유수의 어워드에서 수상하고 미국 시사주간지 타임이 선정한 '최고의 발명품'에 오르는 등 미국 시장에서 큰 성공을 거둔 화제의 브랜드다.

특히 세계 최대 전자상거래 업체인 미국 아마존(Amazon) 공기청정기 카테고리에서 탑 셀링 프리미엄 브랜드 중 하나로 꼽히며 빠르게 성장하고 있다. 또한 애플과 손잡고 미국 애플 공식 매장인 애플스토어 북미 지역에 입점해 판매를 시작하는 등 혁신적인 기술과 디자인을 두루 인정받고 있다.

몰리큘의 핵심을 이루는 특허 기술인 'PECO Technology(PECO/피코: Photo Electrochemical Oxidation, 광전기화학적 산화 기술)'는 공기 중 오염 물질을 포착하고 파괴하는 이전에 없던 새로운 방식의 공기 청정 솔루션이다.

'PECO Technology'는 활성 산소를 활용해 공기 중 오염 물질을 분자 단위로 분해하고 물과 이산화탄소 등 미량의 무해한 요소들로 변환시킨다. 휘발성유기화합물(VOCs), 박테리아, 바이러스, 곰팡이, 알레르겐 등 많은 종류의 오염 물질을 파괴할 수 있다. 또한 초미세먼지(UPM2.5) 대비 1000배 작은 오염물질을 파괴할 수 있으며 오존을 줄여 주고 소음을 최소화한 것이 특징이다.

몰리큘은 국제인증기관인 인터텍(Intertek) 등 제3의 독립 실험 기관을 통해 안정성과 효과를 검증한 바 있다. 그뿐만 아니라 몰리큘의 기술을 집약한 '몰리큘 에어 프로 알엑스(Air Pro RX)'제품이 공기 중의 박테리아 및 바이러스를 파괴하기 위한 의료목적의 공기청정기로 미국 식품의약국(FDA)의 510(k) class II 인가(510(k) 번호: K200500)를 받는 등 탁월한 혁신을 인정받고 있다.

몰리큘은 한국 시장을 위해 '몰리큘 에어 미니(Air Mini)'와 '몰리큘 에어 미니 플러스(Air Mini+)' 2종을 먼저 선보인다. 몰리큘 에어 미니는 침실, 아이 방, 원룸 등 소형 평수에 최적화된 공기살균청정기로 'PECO Technology'가 적용돼 미세 먼지뿐 아니라 다양한 실내 오염 물질을 파괴할 수 있다. 간단한 조작 방식, 쉽게 들고 이동할 수 있는 손잡이, VOCs 방출을 최소화한 소재 등 사용자 편의성과 안전을 섬세하게 고려해 '인간 중심 디자인(Human-centered design)'을 구현했다.

---

26) 미국 산불 및 코로나19 영향으로 공기청정기 인기/ kotra

  '몰리큘 에어 미니 플러스'는 '몰리큘 에어 미니'에 먼지 센서, 오토 모드, 비건 가죽을 더해 기능과 디자인 완성도를 높인 제품이다. 먼지 센서는 공기 중 오염 물질 수준을 감지해 네 가지 색상으로 표시해준다. 오토 모드는 센서가 감지한 오염 물질 수준에 맞춰 공기 정화 강도를 자동으로 조절해 빠르고 간편하게 최적의 실내 공기 질을 유지할 수 있도록 돕는 기능이다.[27]

---

27) 미국 공기 청정 솔루션 몰리큘, 한국 시장 상륙/ 히트펌프팩

2) 국내 기술 동향

국내 출원인 동향을 살펴보면 대기업은 엘지전자, 코웨이, 삼성전자 등이 상위그룹으로 나타났으며, 특히 엘지전자가 독보적으로 다수의 특허를 출원하고 있는 것으로 나타남, 중소기업은 상대적으로 많은 기업이 참여하고 있으나, 특허건수는 큰 차이 없이 활발한 출원을 하고 있는 것으로 나타났다.

기업 이외의 주요출원인에서 연구소와, 대학의 출원이 일부 나타났으나, 2건 이하로서 많은 특허를 출원하지 않은 것으로 보아 개발활동이 활발하지 않은 것이 특징이다.

국내 시장의 선두 주자는 코웨이이고 LG전자, 삼성전자, 대유위니아, 청호나이스, 위닉스, 캐리어에어컨 등을 주요 업체로 꼽을 수 있다. 최근 샤프를 비롯한 블루에어, 일렉트로룩스 등 외국기업들이 속속 진출하고 있는 국내 공기청정기 시장은 주요 중소기업의 주력 판매방식인 방문판매를 통한 렌탈 위주의 시장으로 전개되고 있으며 삼성전자, LG전자 등이 판매시장을 점유하고 있다.

앞으로 공기청정기는 단순 청정기능의 제품에서 가습, 제습 등의 복합적 기능이 탑재된 제품이 시장을 주도해 갈 것으로 보인다. 현재 국내 시장은 성장기를 지나 성숙기에 접어들어 복합기술이 적용되고 있는 단계로 소형화와 이동성이 중시되고 있다. 그리고 점차 복합화 되어 가는 전자제품의 트렌드 속에서 공기청정기 역시 복합기능의 제품들이 일부 출시되기 시작하였으며, 일부 제품들은 오존 관련 문제점 등을 보완하여 출시하는 등 점차 제품의 복합화, 고급화가 예고되고 있다.

특히, 공기청정기는 전 세계의 소득수준 및 생활수준 향상과 웰빙 트렌드 변화로 인해 비필수 가전에서 필수 가전으로 접근하고 있다. 따라서 국내 관련 기업들이 확대 시장에 진입하기 위해서는 품질 향상 전략과 함께 브랜드 인지도를 높여가는 2트랙 전략이 필요하다. 아이디어와 라이프 스타일이 결합된 대박 소형가전 개발을 위해서는 소비자 라이프 스타일에 대한 철저한 분석이 우선되어야 한다. 특히, 진입 대상국의 의식주 형태와 종교, 문화, 인종등 사회적 배경에 기반을 둔 상품 기획과 현지 개발 프로세스가 동시에 진행해야 한다.

우리나라의 공기청정기 기술 경쟁력은 100을 기준으로 볼 때 93.3으로 소위 명품가전보다 그리 뒤지지 않은 경쟁력을 갖고 있다. 제품 경쟁력이 조금 낮은 이유는 설계, 디자인, 기구 등 완제품 제조 기술력의 차이로 보인다. 따라서 디자인, 기구설계, 금형 등의 선진화와 차별화 기술의 적용, 현지화 프로세스를 통한 판매 정책이 동시에 진행된다면, 상대적으로 시장의 판도 변화가 쉬운 공기청정기의 시장에서 국내 제

품이 경쟁력을 가질 수 있을 것으로 판단된다.

 2021년 현재 청정기 시장이 다시 기지개를 켜고 있다. 최근 몇 년 동안 중국에서 미세먼지 유입량이 갈수록 증가하면서 봄철 가전으로 꼽히던 공기청정기가 겨울에도 인기를 끌 만큼 수요가 증가해 왔지만, 지난해에는 코로나19의 세계적 대유행으로 중국발 미세먼지 유입량이 줄어들면서 국내 공기청정기 시장이 상대적으로 주춤했다. 그러다 올 들어 다시 중국발 미세먼지가 심각해지면서 국내 공기청정기 시장이 꿈틀거리고 있는 것이다.

 국내 공기청정기 제조·판매업체들이 추정하는 올해 국내 공기청정기 시장규모는 350만~400만대로, 이는 2020년 추정 시장규모보다 많게는 50만대 이상 증가한 수치다. 올해 공기청정기 수요가 다시 상승곡선을 그릴 것으로 전망되면서 공기청정기 회사들도 앞다투어 신제품을 속속 출시하고 있다.

 국내 공기청정기 시장에서 1위를 달리는 코웨이가 대표적이다. 코웨이는 2021년 상반기 노블 공기청정기를 출시했다. 노블 공기청정기는 에어클린항균필터 시스템이 탑재돼 강력한 성능을 지녔는데, 특허받은 4D 입체필터 구조로 4면에 단계별 필터(4D 프리필터, 더블에어매칭필터·멀티큐브탈취필터, 에어클린항균필터)를 조합해 장착함으로써 효과적인 실내공기 질 관리가 가능하다.

 오텍캐리어도 항균·항바이러스 기능이 있는 '구리섬유 헤파필터'를 장착한 2021년형 '캐리어 공기청정기'를 최근 출시했다. 구리섬유 헤파필터의 항바이러스 성능 원리는 필터 내부의 세균과 바이러스가 구리 입자를 영양소로 오인해 흡수하고 수분과 영양소를 잃게 되는 것이다. 이후 필터 표면으로 공기 중 활성산소를 유인해 대사 작용을 방해하면서 활성을 억제하는 원리다.

 오텍캐리어 관계자는 "바이러스를 살균하는 자외선의 한 종류인 UV-C를 탑재해 제품 내부의 부유 바이러스를 살균한다"며 "초강력 제균·탈취와 알레르기 억제 기능이 있는 '나노이(nanoe™) 제균' 기술도 적용했다"고 설명했다. 오텍캐리어에 따르면 이 기술은 물 분자를 10억분의 1 크기인 나노이 입자로 공기 중에 분사하고, 이 나노이 입자가 각종 세균과 바이러스에 침투해 비활성화해 공기 중 유해물질과 바이러스를 억제하는 기술이다. 바이러스균, 곰팡이균을 비롯해 3대 유해가스 등을 효과적으로 억제한다.

 청호나이스도 360도 전 방향에서 흡입하고 정화된 공기를 왼쪽, 오른쪽, 위쪽 등 세 방향으로 내뿜어 사각지대를 최소화한 공기청정기 '청호 뉴히어로S 공기청정기(AP-15H51610)'를 출시했다. 필터는 기능성 미디엄필터(계절에 맞게 제공되는 세 가

지 타입의 필터), 초미세먼지 집진필터, 탈취필터로 구성됐다. 기능성 미디엄필터 3종
인 '탈취강화필터' '황사방지필터' '집진강화필터'는 계절별 상황에 맞게 제공된다. 이
제품은 공기청정기 CA인증(공기청정기 단체표준규격을 통과한 제품에 부여하는 마크)
은 물론 미세먼지 센서까지 CA인증을 획득했다.

 청호나이스는 지난달 창문을 닫은 상태에서도 환기청정이 가능한 '청호 환기 공기청
정기 OA'도 출시했다. 이 제품은 안쪽 창에 설치, 창문(실내 측)을 닫고도 환기를 통
한 실내 공기청정을 할 수 있는 제품이다. 미세먼지가 심하거나 장마, 폭설 등으로
자연환기가 어려운 날에도 환기청정 시스템을 통해 오염된 실내 공기는 집 밖으로 배
출하고, 바깥 외부 공기는 필터를 거쳐 정화한 뒤 실내로 공급한다.

 공기살균청정기를 제조하는 코비플라텍은 플라스마 기술을 적용한 공기살균청정기 '
에어플라', 공기살균탈취기 '엑스플라'를 지난해 출시하고 공기청정기 시장에 새로운
지평을 열고 있다. 코비플라텍은 최근 차량용 공기살균청정기인 '엑스플라 미니'를 선
보이고 제품군을 확장했다.[28]

---

28) 삼성 LG만 있는 거 아닙니다…이 공기청정기는 어떤가요/ 매일경제

다. 대기환경 센서[29)]

 대기환경 센서 관련 세계시장은 2020년 22억 달러에서 2025년 약 28억 달러 규모
로 증가할 것으로 전망된다. 또한, 사물인터넷 기술 발달로 다양한 환경 센서 수요
증대와 함께 미세먼지 센서 시장이 높은 비율로 성장할 것으로 예상된다.

구분	2020	2021	2022	2023	2024	2025	CAGR
세계시장	2,200	2,300	2,412	2,530	2,653	2,782	4.9

[표 14] 대기환경 센서 관련 세계 시장규모 및 전망 (단위: 백만 달러, %)

 국내 대기환경 센서 관련 시장은 세계시장의 7% 정도로 예상하고 있으며, 2020년
1,659억 원에서 2025년에 약 2,105억 원 시장으로 성장할 것으로 전망된다. 국내의
미세먼지 센서 시장은 대기환경 센서 시장의 10~20% 정도로 예측되고 있으며, 가스
센서에 편중된 대기환경 센서 시장에서 미세먼지 센서 시장 확대가 예상된다.

구분	2020	2021	2022	2023	2024	2025	CAGR
국내시장	1,659	1,734	1,820	1,910	2,005	2,105	5.0

[표 15] 대기환경 센서 관련 국내 시장규모 및 전망 (단위: 억 원, %)

 국내 미세먼지 측정 시스템 기술에서 분석 및 모니터링 기술은 국내의 IT 기술력을
바탕으로 경쟁력을 갖고 있으나 감지 기술 분야에서 선진국 대비 기술 수준이 낮은
것으로 추정된다.

 국내의 감지센서 기술 분야는 선진국 대비 80% 수준이며, 첨단센서 기반기술을 적
용한 기술 경쟁력이 높은 혁신 제품 개발이 필요하다. 또한, 감지센서 기술 발전을
위해 초정밀 광학기술과 MEMS 기술을 복합한 기술 개발이 진행되고 있다.

 시장 조사기관(Yole Development)에 따르면 IoT 응용서비스를 위해 가스센서, 온
도센서, 광센서, 압력센서, 습도센서 등 환경센서 수요가 전방위적으로 증가하고 있다
고 분석했다.

 현재, 환경센서는 가스센서에 치우친 제품이 상용화되어있기 때문에, 연구개발을 다
양화해야 한다는 지적이 있다.

---

29) 중소기업 기술 로드맵 2019~2021

즉, 아직 시장이 성숙하지 않은 미세먼지 센서 개발 지원으로 향후 증가할 수요를 대비할 필요가 있다.

2019년 이후 미세먼지가 사회적 재난에 포함되며 생소하면서도 기발한 공기정화 제품들이 다양하게 출시되었다. 목에 걸고 다니는 휴대용 공기청정기 '에어테이머(Air Tamer)', 파라솔을 들고 있으면 그 주변으로 안개처럼 미세한 물입자를 만들어내서 주변 온도를 낮춰주고 미세먼지를 줄여주는 '스마트 포그머신', 가정집 전체 공기를 빨아들이고 정화해주는 '에어윈 시스템' 등이다.

2019년 4월 경기 판교에서 열린 미세먼지 제품 특별전에서는 지리산의 공기를 알루미늄 캔에 담았다는 '지리에어'가 팔렸다. 연구진이 목격한 것은 "개인이든 가족이든 직원이든 구획된 공간 안에 있는 몇몇 인간에게 지금 당장 숨 쉴 만한 한 줌의 공기를 제공하기 위한 과학기술"이었으며, "각자도생의 공기기술"이었다.

라. 미세먼지 저감 기술[30]
1) 미세먼지 예보제

미세먼지 예보제는 일기예보와 같이 대기질의 오염 정도를 대중매체 등을 통해 국민에게 알림으로써 국민의 건강과 각 산업활동에 따른 미세먼지의 영향을 최소화하기 위해 하루평균 기준으로 2014년 2월 이후 전국적으로 시행하고 있으며, 초미세먼지 예보제는 2015년 1월부터 시행하고 있다.

구분	$PM_{2.5}$(μg/㎥)		PM_{10}(μg/㎥)	
	연평균	일평균	연평균	일평균
권고기준	10	25	20	50

[표 16] 미세먼지의 세계보건기구(WHO) 권고기준

그리고 실시간으로 시간당 평균을 기준으로 미세먼지 경보제는 각 지자체별로 시행 중이다. 미세먼지의 세계보건기구(WHO) 권고기준을 기준으로 미세먼지 예보를 하기 위해서는 먼저 실시간으로 국내외 대기를 측정한 데이터를 이용하여 대기오염 정도를 측정하고 흐름을 파악하는 관측 단계, 다양한 기상환경에서 오염물질 배출량을 농도로 변화하는 모델 단계, 관측 데이터와 모델 결과를 바탕으로 예보관의 전문가적 지식과 노하우 등을 종합적으로 판단하여 예보 결과를 생성하는 예보 단계, 마지막으로 예보 결과를 대중매체나 한국환경공단(에어코리아, http://www.airkorea.or.kr), 모바일 앱(우리동네 대기질) 등을 통해 발표하는 단계로 나눌 수 있다.

가) 관측 단계 기술

미세먼지(PM_{10})와 초미세먼지($PM_{2.5}$)를 관측하는 두 가지 관측 기술을 살펴보도록 하자. 먼저 미세먼지를 측정하는 기술은 베타선 흡수법(β-ray Absorption Method)을 사용한다. 베타선 흡수법은 방사선의 한 종류인 베타선의 물리적 특성을 이용하여 미세먼지를 간접적으로 측정하는 방법이다.

베타선은 방사선의 한 종류이며 어떤 물질을 통과할 때 그 물질의 질량이 클수록 더 많이 흡수되는 성질을 가진다. 이러한 성질을 이용하여 미세먼지를 채취한 테이프 여과지에 베타선을 쪼이고 감지기에서는 줄어든 베타선의 차이를 측정한 후 그 측정된 값을 바탕으로 미세먼지 농도를 구하는 방법이다.

---

30) 미세먼지 저감 기술 동향, ETRI, 2019

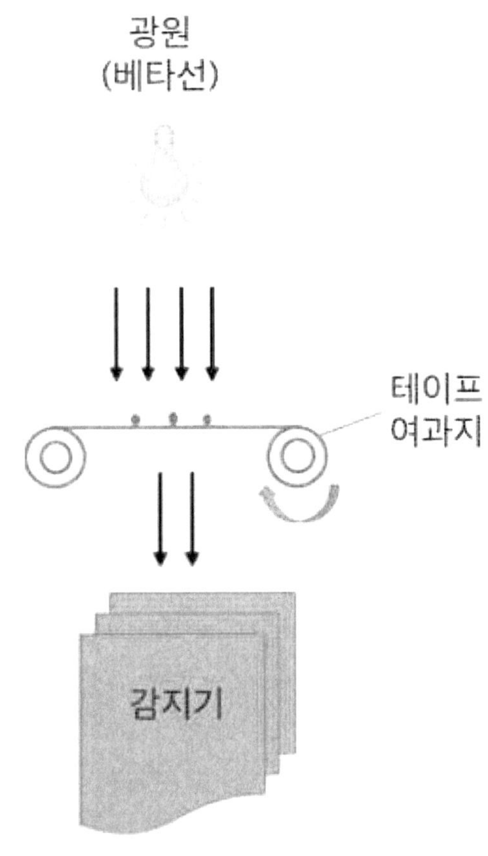

[그림 36] 베타선 흡수법

　초미세먼지(PM2.5)를 측정하는 방법으로는 미세먼지의 질량을 직접적으로 측정하는 방식인 중량농도법을 사용한다. 중량농도법은 충돌판에서 일정한 크기 이상의 미세먼지를 제거한 후 초미세먼지를 하루 동안 여과지에 채취한 후 직접 질량을 측정하는 방식이다.

분류	측정 기술
미세먼지	베타선흡수법(β-Ray Absorption Method)
초미세먼지	중량농도법 또는 이에 준하는 자동측정법

[표 17] 미세먼지의 측정 기술

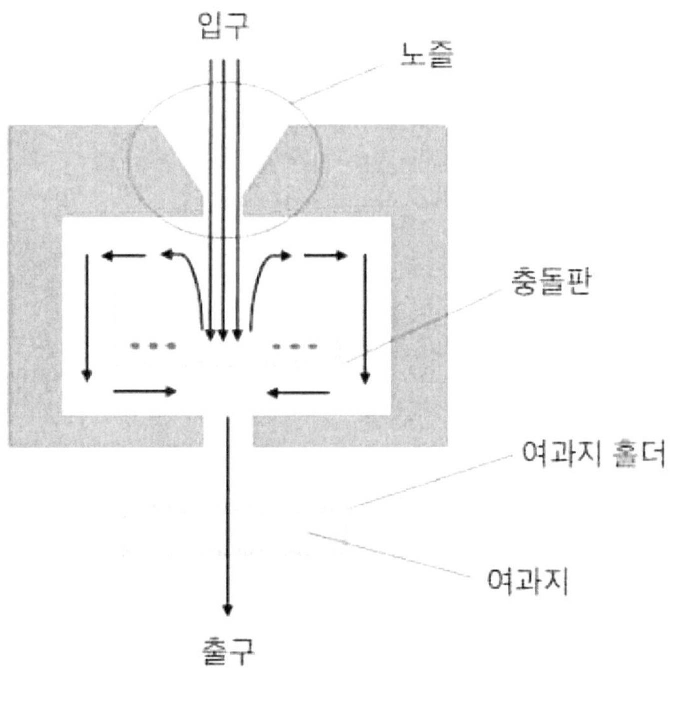

[그림 37] 중량 농도법

나) 예보 단계

우리나라의 환경부에서는 배출량의 모델링 및 대기질 개선 효과를 분석하기 위해 미국 환경보호청(EPA: Environmental Protection Agency)에서 개발한 SMOKE를 활용하고 있다.

그리고 미세먼지의 국내외 영향을 계산할 때 이용하고 있는 화학수송 모델인 CMAQ(Community Multiscale Air Quality)도 미국 환경보호청에서 개발하였다. 미세먼지는 기상 모델과 밀접한 관련이 있으며 우리나라에서 사용 중인 기상 모델은 미국국립기상연구소(NCAR: National Center for Atmospheric Research)와 미국 기상연구대학연합(UCAR: University Corporation for Atmospheric Research)이 공동 개발한 기상 모델인 WRF(Weather Research and Forecasting)이며, 이는 미국도 2005년부터 미국 해양대기청(NOAA: National Oceanic and Atmospheric Administration) 소속의 국립환경센터(NCEP:National Centers for Environmental Prediction)에서 사용 중인 모델이다.

또한, 최근에 들어서는 미세먼지의 예보 정확도를 높이기 위해 IBM의 인공지능 시스템인 '왓슨(Watson)'을 활용하는 방안도 검토 중이다.

  왓슨은 2015년에 미국 최대 민간기상회사인 웨더 컴퍼니(The Weather Company)를 인수하여 그 회사의 기상 데이터를 바탕으로 기상정보를 예측하는 인공지능과 결합된 예보시스템을 구축하고 있다.

  유럽에서는 미세먼지의 정확한 예보를 위해 기상예보모델로 Integrated Forecast System을 사용 중이며, 미국은 Global Forecast System을 일본은 Global Spectral Model, 독일은 Global Meteorological Model, 중국은 Global and Regional Assimilation and Prediction System을 사용하고 있다.

2) 국내외 기술 동향

먼저 우리나라는 문 정부에 들어서 세 차례의 종합적인 미세먼지 대책을 마련하여 그를 이행하여 왔다. 대기오염물질을 실시간으로 모니터링하는 굴뚝원격감시체계에 부착된 635개 대형사업장의 대기오염물질 배출량이 지난 2년간 약 32% 감소하였습니다. 같은 기간 석탄화력발전소의 배출량도 약 60% 감소하였으며 노후 경유차도 같은 기간 약 100만 대 이상 감소하였다.

중국도 역시 지속적으로 미세먼지 대책을 추진하여 왔는데 2018년 푸른 하늘을 지키기 위한 전쟁, 일명 '람천보위전'을 발표하고 산업, 에너지, 교통, 토지 구조 등 분야에서 전 방위적인 대책을 추진해 왔다.

또한 중국은 2017년부터 2020년까지 자국 내 전체 철강 생산 용량을 12억 t에서 약 2억 t가량 축소하였으며, 이 중 6억 t 규모의 생산시설에 대해서는 대기오염물질 배출 저감 사업을 완료했다. 난방 분야에서도 약 2,500만 가구가 저질 석탄의 활용을 중단하였고, 지난해 한 해에만 석탄 소비 비중을 1.5%p 낮추는 등 지속적인 에너지 구조조정을 실시하고 있다.

이와 같은 정책 노력 등에 힘입어 한국과 중국의 초미세먼지 농도는 모두 지난 수년 간 뚜렷한 감소추세를 보이고 있다. 2020년을 기준으로 우리나라는 ㎥당 26㎍에서 19㎍으로, 중국의 경우는 ㎥당 46㎍에서 33㎍으로 각각 감소하였다.

한중 양국은 2017년에 한중 환경협력계획을 체결하였고, 2019년에는 기존 조사연구 사업 위주에서 환경 협력을 통합협력 플랫폼으로 확대하는 '푸른 하늘' 계획, 즉 '청천' 계획을 추진해 오고 있다. 또한, 2020년에는 장관급을 비롯한 약 30여 이상의 교류를 통해서 대기질 관련 정책, 예보, 기술, 산업 분야에서도 활발히 협력해왔다.

양국은 이러한 고농도 시기 대책에 대해서도 지속적으로 교류하고, 각국 대책의 성과 평가와 차기대책 수립을 위해서 적극 공조하기로 한 것으로 보인다.[31]

인도 뉴델리에서는 미세먼지를 제거하기 위해 물탱크에 물을 가득 싣고서 '물안개 대포'를 차에 장착하여 도로 위에 뿌리는 방법도 사용하였다. 그렇지만 실제 극심한 미세먼지를 줄이는 데는 효과가 미미하였다. 우리나라 서울에서도 이와 비슷하게 2017년 여과지가 장착된 수백 대의 드론을 공중에 띄워 미세먼지를 제거하는 방법을 검토하기도 했었다.

---

31) 한중 미세먼지 대책/대한민국 정책브리핑

미세먼지를 줄이기 위한 아이디어 수준의 개념도를 살펴보면, 점선 타원으로 된 연결부분은 실외 미세먼지를 측정하는 측정기, 측정된 데이터를 공유하는 통신기 그리고 실외 미세먼지를 줄이기 위한 실외용 공기청정기로 구성되어 있다.

즉, 실시간으로 미세먼지를 측정하고 측정된 데이터를 공유하고 허용치 이상 미세먼지 농도가 증가할 경우 실외용 공기청정기를 가동한다. 또한 실외 미세먼지 데이터를 각 가정과 근처에 있는 차량에 알려준다. 각 가정과 차량에서는 수신된 실외 미세먼지가 실내 및 차량 내부에서 측정한 실내 미세먼지보다 농도가 높을 경우 실외에서 유입되는 공기를 차단하고 실내용 미세먼지 제거기를 가동시킨다. 반대의 경우에는 실외 공기를 유입시켜 실내 미세먼지 농도를 줄이는 방향으로 동작한다.

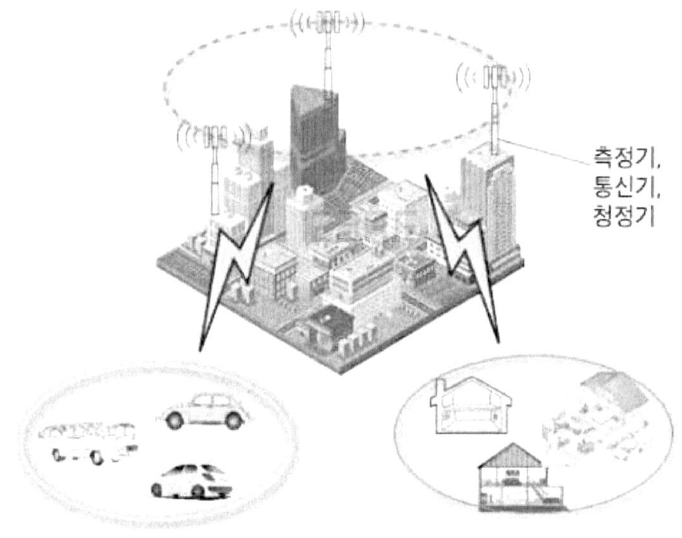

[그림 38] 미세먼지 저감 아이디어 개념도

06

미세먼지
기업 동향

6. 미세먼지 기업동향

가. 해외기업

1) SHARP

[그림 41] Sharp

1912년에 창업한 샤프는 일본의 종합 가전기업으로, 일본 8대 가전제품 대기업이다. 샤프의 핵심기술과 제품은 LCD 판넬, 태양열 집약판넬, 휴대전화, 액정 디스플레이, 영상 프로젝터, 복합기, 플레시 메모리, 전자레인지, 캐시 레지스터, CMOS, 전자사전, 전하결합소자, 에어컨 등이 있다.

[그림 42] 샤프 미세먼지 센서

샤프는 다양한 미세먼지 센서를 제조해서 판매하고 있다. Sharp Dust Sensor (GP2Y1010AU0F)는 담배연기 같은 미세입자 검출이 가능한 먼지센서로, 전류 소모량이 매우 적고(20mA max, 11mA typical) 7V DC 까지의 전원으로 동작이 가능하다.

또한, 먼지의 농도에 따라 비례적으로 아날로그 출력을 내므로 아두이노의 아날로그 핀으로 값을 읽어 사용할 수 있고, 0.5V/0.1mg/m3 의 감도를 가지고 있다.

2) AirVisual

[그림 43] AirVisual

AirVisual앱은 전세계에서 가장 정확한 미세먼지 데이터를 제공하며, 10,000여개 지역을 글로벌 정부 관축소 및 AirVisual의 검증된 센서 통해 보도하고 있다. AirVisual은 실시간, 예보 및 기록 데이터로 대기 오염에 대한 정보 제공하고 있는데, 총 80여개 국, 10,000여개 위치의 주요 환경오염 물질의 구체적인 수치를 제공한다. 또한, 지역별 지난 한달 및 48시간의 대기 오염 트렌드를 제공하고 있다.

또한, 전세계의 실시간 오염 지수를 2D 파노라마 및 AirVisual의 3D 히트맵 뷰를 활용하여 제안하고 있으며, 이외에도 기온, 습도, 현재 기상 상황 및 날씨 예보를 한 눈에 볼 수 있다.

미세먼지 외에도 오존, 이산화질소, 아황산가스, 일산화탄소 등 실제 주요한 오염물질에 대한 집중적인 모니터링 서비스가 제공되고, 페이스북, 트위터, 위챗, 왓츠앱, 혹은 이메일 등 다영한 플렛폼으로 친구에게 대기정보를 쉽게 공유할 수 있다.

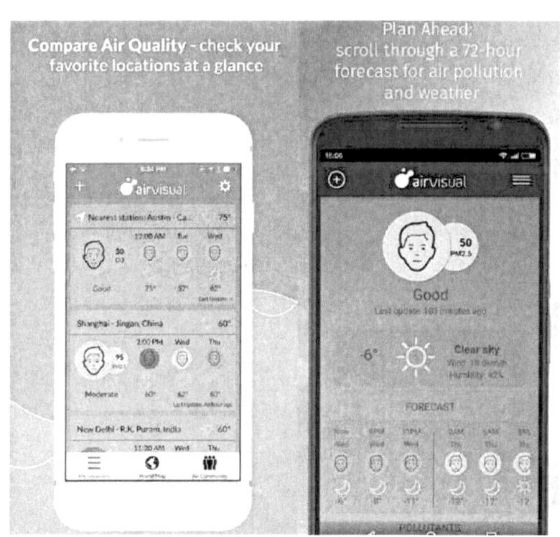

[그림 44] AirVisual App

3) Dyson

[그림 45] 다이슨

 다이슨은 1993년 제임스 다이슨이 설립한 영국의 전자제품 기업으로, Air Multiplier 라는 이름의 날개없는 선풍기로 큰 인기를 얻었으며, 이외에도 청소기 등 다양한 전자제품을 판매하고 있다.

 최근 다이슨은 한국 가정 내 실내 오염도를 측정하기 위하여 한국 가정 34곳과 자동차 2대를 대상으로 먼지 분석 테스트를 진행했다. 다이슨 디지털 모터 V6를 탑재한 무선청소기를 사용해 집안 구석구석의 먼지를 체취하고, 서울대학교 미생물연구소에서 분석을 진행했다.

 다이슨은 다양한 크기의 먼지를 모두 제거하기 위해 V6 무선청소기와 공기 청정 선풍기를 통한 '토탈 홈 솔루션'을 제시했다. 이것은 강력한 성능을 지닌 무선청소기와 공기 청정 기능을 갖춘 선풍기를 이용해 표면에 있는 바닥 먼지와 공기 중 미세먼지를 모두 제거하겠다는 계획이다.

 다이슨의 V6 무선청소기에는 작고 빠른 모터가 내장되어 있으며 이는 최대 11만 rpm의 속도로 회전한다. 다이슨은 이러한 모터 기술을 바탕으로 강력한 흡입력을 보장하고 있다.

 이처럼 다이슨은 미세먼지에 대응하기 위하여 지속적인 연구를 진행하고 있으며 이에 맞춰 당사의 제품을 개발해가며 이를 해결하기 위한 다양한 방안을 제시하고 있다.

4) Electrolux

[그림 46] 일렉트로룩스

일렉트로룩스는 스웨덴의 전자제품 제조 및 판매 기업으로 냉장고부터 믹서, 청소기에 이르는 다양한 제품을 제조, 판매하고 있다.

최근 일렉트로룩스는 '퓨어 C9'을 출시했는데, 본 제품은 2014년 첫선을 보인 '울트라 플렉스' 시리즈를 업그레이드한 모델로, 7단계 여과 시스템을 탑재해 외부 미세먼지는 물론 청소기 사용 시 발생하는 실내 미세먼지 걱정까지 줄였다고 발표했다.

퓨어 C9의 7단계 필터시스템 가운데 두 개의 헤파 13등급 필터가 청소 중 흡입한 미세먼지를 99.999%까지 여과하고, 또한 1천600W(와트) 모터파워에 공기저항을 낮춘 3D 필터를 더해 강력한 흡입력을 구현했다. 따라서 기존 청소기와는 달리 먼지 통이 일정 이상 차더라도 흡입력이 떨어지지 않도록 설계됐다.

또한, 최근 일렉트로룩스는 무선청소기 '에르고라피도'의 2019년형 신제품을 출시하겠다고 밝혔다. 일렉트로룩스는 에르고라피도는 2004년 출시 이후 11년 연속 국내 판매 1위를 기록한 무선청소기다.

신제품인 '에르고라피도 - 퍼펙트 케어'는 에르고라피도의 최신 버전으로 기존 제품에서 미세먼지 여과기능을 업그레이드해 차별화했다. 본 제품의 핵심은 4단계 미세먼지 여과 시스템으로 미세먼지를 99.99%까지 걸러준다. 고성능 알러지 필터의 경우 PM 1.5크기의 초미세먼지까지 99.99% 걸러주고, 마지막 배기필터에서 깨끗한 공기만을 배출해 미세먼지가 심한 겨울철에도 쾌적한 실내청소가 가능하다.

또한, 1회 충전으로 오래 사용할 수 있는 배터리도 장점이다. 신제품 에르고라피도는 18V 리튬이온 배터리를 장착, 일반모드에서 최대 48분 연속 사용이 가능하다.

나. 국내기업
  1) 삼영에스앤씨

[그림 47] 삼영에스앤씨

 센서 전문업체 삼영S&C는 반도체 기반 온습도 센서 기술로 스마트 환경 센서 시장
을 정조준했다. 삼영S&C는 핵심 소자와 칩 원천 기술을 모두 가지고 있어 경쟁력이
높다는 평가를 받고 있다.

 업계에 따르면 최근 가전과 공조시스템, 자동차 등 다양한 분야에서 온습도센서와
초미세먼지 센서 등의 적용이 늘어나면서 관련 센서 핵심 기술을 가진 삼영S&C가 주
목받고 있다.

 삼영S&C는 알루미늄 커패시터 사업을 하는 삼영전자공업의 부설연구소로 출발해,
2000년 센서 전문업체로 스핀아웃해 국내 최초로 저항형·용량형 습도센서 등을 개발
했다. 이후 센서 소자 사업을 주력으로 하다 2006년부터 반도체 칩형 센서를 생산하
고 있다.

 최근 2021년, 삼영에스앤씨는 자체 기술을 기반으로 공기질 통합 측정 센서인 '에이
큐-라이트'를 개발했다. 이 시스템은 미세먼지와 온습도 측정을 물론 공기 중에 떠있
는 생물 입자를 측정할 수 있는 독자 알고리즘이 탑재되어 코로나19 방역 체계에도
도움이 될 것으로 보인다.

2) LG전자

[그림 48] LG전자

　LG전자는 2018년 공기청정 기술 개발을 전담하는 '공기과학연구소'를 설립했다. 이는 공기청정기와 에어컨·제습기 등 에어 솔루션 사업 경쟁력을 강화하기 위해서다. 본 연구소에서는 집진·탈취·제균 등 공기청정 기술과 관련한 연구개발을 맡는다. 연구원들은 거실·주방·침실 등 집안의 주요 공간에서 공기 질의 변화를 분석하고, 효과적인 청정 방법을 연구한다. 아파트나 사무실 등에서 발생할 수 있는 미세먼지·유해가스·미생물 등을 측정하고 제거하는 실험 장비도 갖췄다.

　미세먼지 농도가 짙어질수록, LG전자의 주가는 덩달아 높아진다. 최악의 미세먼지가 한반도를 덮쳤고, LG전자 주가는 3,100원(4.35%) 상승한 바도 있다. 그도 그럴 것이 LG전자는 공기청정기 등을 비롯한 생활 가전 부문에 있어 국내 최강자다.

　에누리 가격비교 주간 판매데이터에 따르면, 3월 1-2주차 가전 판매 순위 10위는 모두 공기청정기다. 그 중 굳건히 매출 1위 자리를 지키고 있는 제품은 LG전자에서 생산하는 '퓨리케어'다. 3월 초 기준, 매출 순위 10위 중 LG제품이 무려 7개다. 공기청정기와 의류건조기, 의류관리기, 에어컨 등 미세먼지와 관련한 가전제품이다.

　최근 LG전자는 핸드백에도 들어가는 크기의 공기청정기인 'LG 퓨리케어 미니'를 발표했다. 본 제품의 크기는 69x200x64mm(밀리미터)로 작은 가방에도 쏙 들어간다. 특히 2019년 독일 레드닷 어워드도 수상했다.

　포터블 PM1.0 센서는 제품을 세우거나 눕히거나 상관없이 극초미세먼지까지 감지한다. 제품 상단에 청정 표시등을 장착해 빨강(매우 나쁨)과 주황, 초록, 파랑(좋음) 등 총 4단계로 청정도를 직관적으로 알려준다.

　듀얼 인버터 모터는 쾌속 모드 기준 분당 5천rpm(1분간 회전수)으로 회전하면서 오

염물질을 빠르게 흡입한다. 토네이도 듀얼 청정팬은 깨끗한 공기를 빠르고 넓게 보내
준다.

 또 한국공기청정기협회에서 주는 CA 인증을 받았다. CA 인증을 받기 위해서는 가
정용 공기청정기 기준으로 집진 효율 70% 이상, 탈취 효율 60% 이상을 충족해야 하
며 오존 발생량 0.03ppm 이하여야 한다. 소음은 유량에 따라 45~55dB이하면 된다.

 휴대용 공기청정기 구매 시 가장 우려스러운 부분은 청정 면적이다. 이 제품의 단위
시간당 청정화능력(CADR)은 강 기준으로 13㎥/hr다. CADR 수치가 높을수록 사용면
적이 넓다. 이 제품 청정면적은 0.5평 정도로 볼 수 있다. 한국소비자원은 사용공간의
130%를 적정용량으로 제시한다. 최대한 사용자 가까이둬야 제대로 된 공기 청정 효
과를 볼 수 있는 셈이다.

[그림 49] 삼성전자

삼성전자는 2019년 미세먼지 문제에 대응할 원천기술을 연구하는 '미세먼지연구소'를 신설했다. 삼성전자의 미세먼지연구소는 미세먼지의 생성 원인부터 측정·분석, 포집과 분해에 이르기까지 전체 사이클을 이해하고 단계별로 기술적 해결 방안을 모색하는 등 미세먼지 문제 해결을 위한 필요 기술과 솔루션을 확보해 나갈 계획이다.

특히 미세먼지연구소는 종합기술원이 보유하고 있는 기술을 바탕으로 미세먼지 연구에 기초가 되는 저가·고정밀·초소형 센서기술 개발은 물론, 혁신소재를 통한 필터기술, 분해기술 등 제품에 적용할 신기술도 연구할 예정이다.

삼성전자는 화학·물리·생물·의학 등 다양한 분야의 국내외 최고 전문가들과 협업하는 종합기술원의 오픈 이노베이션(Open Innovation) 프로그램을 통해 미세먼지 원인에 대한 체계적 규명과 유해성 심층 연구 등을 수행할 방침이다.

최근 삼성전자는 공기질 통합 관리 서비스인 '스마트싱스 에어'를 출시했다. 스마트싱스 에어 서비스는 스마트폰에 스마트싱스 앱을 설치하고 와이파이를 지원하는 삼성 공기청정기 모델과 연동하면 이용할 수 있다.

이 서비스는 각 공간에 설치된 공기청정기 센서가 측정한 실내 공기 오염도와 실외 공기질·예측 정보를 조합해 실내외 공기질 상태를 사용자에게 제공한다. 또 상황별로 공기질 관리법을 추천해 준다. 삼성전자는 공기청정기뿐만 아니라 에어컨에도 스마트싱스 에어 서비스 지원을 확대해 통합적인 공기질 관리 서비스를 제공한다는 계획이다.

07

국내외 미세먼지 정책 동향

7. 국내외 미세먼지 정책 동향

가. 국외 동향

미국은 초미세먼지를 효과적으로 저감한 나라로 꼽힌다. 지난 16년간 알래스카와 하와이를 제외한 미국 9개 지역의 연평균 PM2.5 농도는 22~48% 정도 감소했다. 2000년 당시 농도가 상대적으로 높았던 남동부 지역 등에서의 농도 감소가 두드러지는 것은 미국 PM2.5 관리 성과의 특징이다.

미국은 5년마다 대기환경기준으로 달성·미달성 지역을 지정하고 지속적으로 관리·감독하는 등 체계적으로 준비돼 있다. 특히 중앙정부에서는 대기환경 기준과 전국규모의 정책을 마련하면서 지방정부의 효과적인 정책 개발을 위한 지침, 분석 방법론·도구를 제공한다.

아울러 미국은 인접 국가와 접경 지역에서의 PM2.5 관리가 자국만의 노력으로 해결되지 않는다는 사실을 인식하고 있다. 이에 배출량, 제거 기술, 분석 기술 등 전반적인 기술 자료의 공유 및 일관성 있는 접근법을 찾고자 국제협력을 하고 있다. 특히 미국, 캐나다, 멕시코의 대기관리 협력체인 NARSTO 활동은 현재 PM2.5 관리체계의 근간을 마련하기도 했다.[32]

일본은 정부 차원에서 친환경 자동차 보급, 매연저감장치 설치, 자동차 배출가스 규제, 연료품질 규제 등 국내와 유사한 정책을 시행중이다. 특히, 도쿄시는 2011년부터 배기가스와 미세먼지를 기존보다 75% 이상 줄이는 프로젝트에 돌입했으며, 수소 자동차(연료전지차), 전기차, 하이브리드 차량을 확대하고 있다.

대기오염 수준이 가장 심각한 중국은 2014년부터 미세먼지 퇴치를 위해 1조 7000억 위안을 투입하기로 했으며, 핵심 사업으로 전기차 · 수소차 보급이 2025년 7,960만 대, 2030년 2억 200만 대에 이를 것으로 전망된다.

난징시의 경우, 2014년 '대기오염 예방규정'을 발표, 오염물 배출 기업에 대한 강제적인 단전, 단수를 진행하고 있다.

유럽은 대기오염에 대한 기존 법령을 현대화하고 주요 오염물질에 대한 집중적인 해결전략을 마련 중이다. 그 예로, 오염물질을 높게 배출하는 차량의 통행을 제한하는 LEZ(Low Emission Zone)를 설정해 운영하고 있으며, 영국, 스웨덴, 노르웨이 등 유

---

32) 美은 어떻게 초미세먼지 50%를 줄였나/ 이데일리

럽 각국에서 대도시 위주로 시행중이다. 또한, 항만환경정책을 제정하여 친환경적 운
송시스템 구축에 노력하고 있다.

나. 국내 동향

정부는 2016년 '미세먼지 대응 기술'의 개념 및 기술 분류 체계(대분류 3개, 중분류 10개, 세부기술 25개)를 정립했다. 이는 과학기술을 기반으로 미세먼지의 근복적 문제 해결과 미세먼지의 위해성 해소를 중점으로 하고 있다.

대분류	중분류	세부기술	기술내용
현상규명 및 예측	원인규명 연구	생성 및 변환 규명	인위적 및 자연적 생성, 변환, 소멸 규명
		오염원 규명	미세먼지 오염원 규명 및 기여도 추정
	현상진단 및 측정·조사	배출원 조사	배출량 산정 및 배출특성, 배출계수 연구
		측정·분석 기술	측정자료 정확도/정밀도 향상을 위한 측정·분석 기술 개발
		상시 및 집중측정	실시간, 3차원, 집중 측정 등을 통한 감시 및 현상 진단
	대기질 모델링	미세먼지 예측·예보·진단 모델링	미세먼지 예보모델 정확도 향상 및 모델을 이용한 현상 규명 연구
		기후영향평가 모델링	미세먼지에 의한 기후영향평가 모델링
미세먼지 배출저감	고정오염원 배출저감	고정오염원 1차 배출 저감	사업장(대형, 중소형 및 직화구이, 숯가마 등) 1차 배출 미세먼지/초미세먼지 저감 기술
		고정오염원 2차 생성 저감	사업장(대형, 중소형 및 직화구이, 숯가마 등) 배출 전구물질(SOx, NOx, VOCS, NH3 등) 저감
	도로 이동오염원 배출저감	차량 1차 배출 저감	차량 1차 배출 미세먼지/초미세먼지 저감 기술
		차량 2차 생성 저감	차량 배출 전구물질(SOx, NOx, VOCS, NH3 등) 저감
	비도로 이동오염원 배출저감	선박배출 미세먼지 저감	선박배출 미세먼지 및 전구물질 저감 기술
		기타 비도로용 이동오염원 미세먼지 저감	건설·농기계, 항공 등 기타 이동오염원 미세먼지 및 전구물질 저감 기술
	비산먼지 저감	도로 비산먼지 저감	도로 (지하철도, 터널 등 특수 도로 포함) 발생 비산먼지 저감
		비도로 비산먼지 저감	건설현장 비산먼지 저감

[표 18] 미세먼지 대응 기술의 기술 분류 체계

대분류	중분류	세부기술	기술 내용
국민생활 보호	건강영향 평가	독성 평가	미세먼지와 그 화학성분의 독성평가 기술
		인체노출 평가	미세먼지의 군집별 노출 정도 평가 기술
		인체위해성 역학	코호트 구축, 장기노출 추적조사 등 미세먼지에 의한 위해성 평가 기술
	미세먼지 노출저감 기술	실내 미세먼지 탐지	실내공기 미세먼지 중 유해성분 탐지 기술
		실내 공기 정화	청정공조, 청정환기, 청정주방배기 등 실내 공기정화 기술
		실내 공기질 관리	주택, 대중교통, 다중이용시설 등 생활환경 실내공기질 관리 기술
		개인착용형 노출저감 기구	마스크, 개인휴대용 탐지 기구 등
	정책 및 정보 서비스	미세먼지 정보관리 및 서비스	미세먼지 농도, 위해성, 오염지도 등 통합 정보관리 및 대국민 서비스
		과학기술 연구 결과의 정책 연계	R&D 결과를 정책/제도 개선에 반영하는 체계
		기술의 글로벌화	R&D 성과 수출 산업화 및 국제 대기환경 협력공동체 구축/운영

[표 19] 미세먼지 대응 기술의 기술 분류 체계

국내에서는 2017년 미세먼지 국가전략 프로젝트를 시작으로, 2018년 '미세먼지 범부처 프로젝트 2018 시행계획'을 확정하고 사업을 추진한 바 있고 이 사업에서는 집진·저감 기술과 관련하여, 종전 대비 2배 이상의 성능을 가지는 고효율 저감 기술(집진·탈황·탈질)을 개발하고, 그간 간과되었던 응축성 미세먼지와 비산먼지 저감기술도 개발 예정이며, 화력발전소, 제철소 등 대·중소사업장 대상 비용효과적 저감기술을 개발하고 공동 실증을 통해 기술확산을 추진했다.

2019년에는 미세먼지 특별법과 하위법령(시행령·시행규칙) 정비에 따라 △차량운행 제한 제외대상 자동차 △의무시행 대상 대기오염물질배출시설 △휴업과 수업시간 단축 등 권고 기준 강화 △광역발령 권한의 위임 세부 저감조치에 관한 사항을 담았다.

2020년 1월부터는 선박에서 배출되는 미세먼지에 대한 관리를 강화하기 위해 인천항, 부산항, 울산항, 여수·광양항 등 전국 대형항만과 주요 항로를 '항만대기질관리구역'으로 지정하고 '항만대기질관리구역' 내에 배출규제해역과 저속운항해역을 지정했다. 배출규제해역*의 시행시점과 배출규제해역에서 선박이 준수해야 하는 선박연료유

의 황함유량 기준도 규정했다.

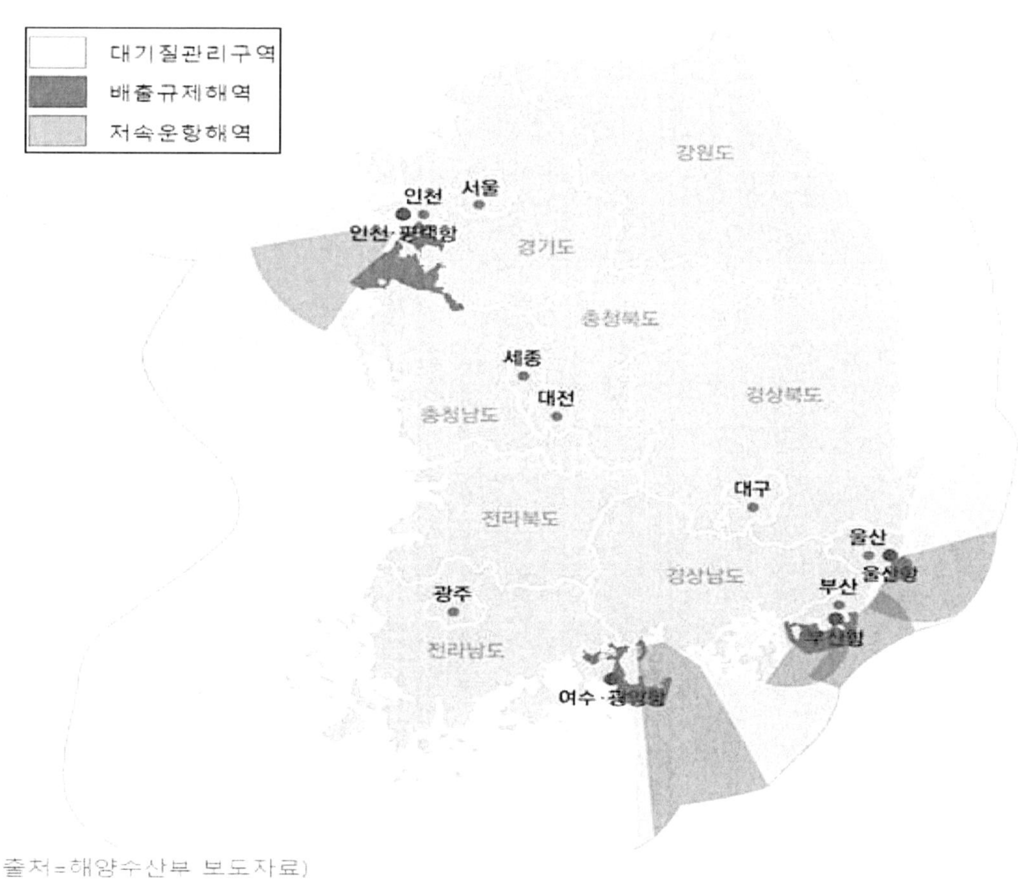

출처=해양수산부 보도자료)

그림 51 항만 미세먼지 저감 대책/ 대한민국 정책브리핑

 또한 정부는 2019년 1차 계절 관리제 이후 2020년 12월 2차 미세먼지 계절 관리제
가 시행을 했다. 시행 기간은 20년 12월부터 21년 3월까지 총 4개월간 시행되었으며
주요 추진계획으로는 배출가스 5등급 자동차의 운행을 제한하고, 생활주변 대기배출
사업장 특별점검, 다중이용시설 실내공기질 특별점검 등이 있다.

 2차 미세먼지 계절 관리제 시행 결과 작년보다 전반적으로 미세먼지 농도가 개선된
것으로 확인되며 초미세먼지 농도가 낮아졌으며, 일평균 초미세먼지 농도 15㎍/㎥ 이
하인 `좋음` 일수는 10일로, 2019년 12월 대비 증가 한 성과를 냈다.[33]

 2021년 현재는 정확한 측정 및 분석 장치가 없어 추정치로만 확인할 수 있었던 국
외유입 미세먼지의 양을 서해안 지역의 섬과 선박, 전국항만 등에 설치된 측정망을

---

33) 미세먼지종합대책/ 대한민국 정책브리핑

통해 정확히 산정할 수 있는 측정망이 구축됐다.

미세먼지의 이동 경로와 농도, 성분까지 분석하는 측정 시설의 결과는 환경부 대기환경정보(에어코리아) 누리집을 통해 공개할 예정이며 해양수산부에서는 2025년까지 항만 초미세먼지 60%를 줄이는 계획을 발표했다.

해수부가 발표한 제1차 항만지역 등 대기질 개선 종합계획은 크게 선박기인 대기오염물질 저감, 항만의 친환경화, 안전한 생활환경 조성, 관리기반 구축 섹션으로 나눠졌는데요. 세부 내역으로 선박 연료유 황 함유량 기준을 강화하고, 친환경 항만 인프라 구축, 비사먼지 관리 강화, 항만대기 정책지원체계 구축 등의 내용으로 구성되어 있다.

서울시에서는 이동형 미세먼지 측정 시스템인 '모바일랩'을 본격 운영한다고 밝혔는데 이는 친환경 전기차에 첨단 측정장비를 탑재한 '모바일랩'은 쉽게 설명하면 이동하며 대기질을 측정할 수 있는 시스템이다.

구체적으로 미세먼지 발생원(배출사업장, 교통집약지역 등)이나 고농도 미세먼지 취약지역 등 서울시 곳곳에서 미세먼지 성분의 발생 원인을 규명하는데 기존 대기오염 이동측정차량과는 차이가 있다. 먼저 모바일랩은 미세먼지 생성 기초를 연구하는 목적으로 국소 고농도 오염 및 이동현상, 주요 발생원 파악 및 기여율을 산정하고 실시간 자료 생성이 가능하다.

경기도는 미세먼지 저감을 위해 진행 중인 '숲속 공장 조성 추진 사업'으로 도내 사업장에 7만 1,864 그루를 심었다. 경기도 숲 속 공장 조성 추진 사업은 사업장 주변 유휴부지에 공기정화에 효과가 큰 소나무, 삼나무 등을 심어 미세먼지 저감을 목적으로 하는 사업이며 19년 경기도 도내 121개 기업과 업무협약을 체결하고, 2021년 올해까지 8만 5000여 그루의 나무를 심는 것을 목표로 하고 있다.[34]

---

34) 2021년, 새로운 미세먼지 저감 정책과 활동은?/위닉스

08

국내 미세먼지
관련 R&D 동향

8. 국내 미세먼지 관련 R&D 동향[35]

가. 정부 R&D 투자

2001년 이후, 대기정책 강화 및 연소연료 전환 등에 의해 우리나라 미세먼지 농도 (PM10, PM2.5)는 감소하고 있는 추세를 보였다. 전국 2018년 미세먼지(PM10) 연평균 농도는 2001년 대비 31% 감소 및 초미세먼지(PM2.5) 연평균 농도는 2015년 대비 12% 감소했으며, 서울 미세먼지(PM10)와 초미세먼지(PM2.5) 연평균 농도는 2001년 대비 2018년에 각각 42%와 43% 감소한 바 있다.

2015년부터 2019년까지 최근 5년간 연평균 초미세먼지(PM2.5)는 미세먼지(PM10)에 비해 감소 추세가 둔화되었으며, 12~3월에 미세먼지 고농도 현상이 지속적으로 발생하고, 12~3월의 월평균 농도는 30~32μg/㎥으로 연평균 대비 높은 수준이다.

우리 정부는 2001년 미세먼지(PM10)와 초미세먼지(PM2.5)를 대기오염물질로 규정하여, 환경기준 초과 시, 대기오염경보를 발효할 수 있도록 규정하고, 위해성이 높은 초미세먼지에 대한 기준을 강화하고 있다. 2019년에는 미세먼지 특별법에 근거하여, 미세먼지 종합계획(2020~2024년)을 발표하였고, 2016년 대비 초미세먼지 농도를 35% 이상 저감하는 목표를 설정하여, 4가지 분야의 15대 중점 추진과제를 제시하였다.

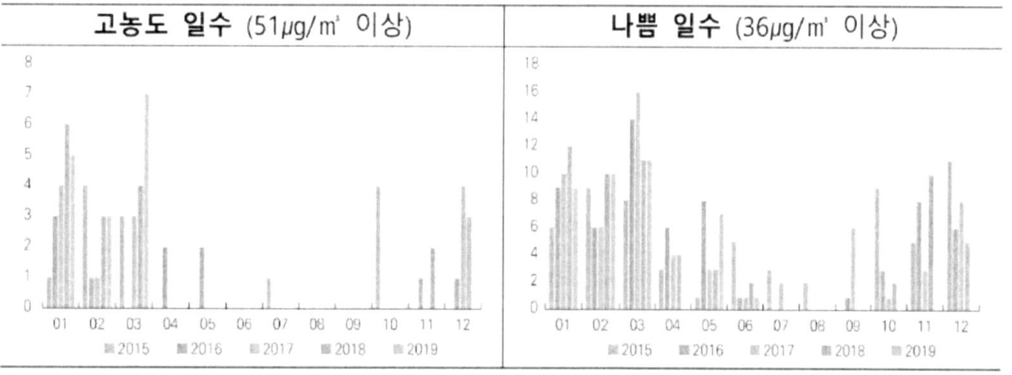

* 고농도일수는 비상저감조치 발령기준(51μg/㎥ 이상)에 준함

그림 53 2015~2019 미세먼지 나쁨 일수/ 미세먼지인사이트

또한 미세먼지 대응을 위해, R&D 측면에서 미세먼지 기술개발 로드맵(2018년) 및 미세먼지 R&D 추진 전략(2020년)을 수립하였다. 특히 '미세먼지 배출저감' 분야의 R&D 과제 수와 예산이 각각 46.3%, 53.3%로 가장 높게 나타났으며, 중분류는 '고정

---

35) 시민참여형 미세먼지 대응 정부 R&D 투자방향 수립 연구, 한국과학기술기획평가원, 2018

오염원 배출저감'과 '도로 이동오염원 배출저감', '현상 진단 및 측정/조사'가 전체 R&D 과제의 50% 이상을 차지하는 것으로 조사되었다.

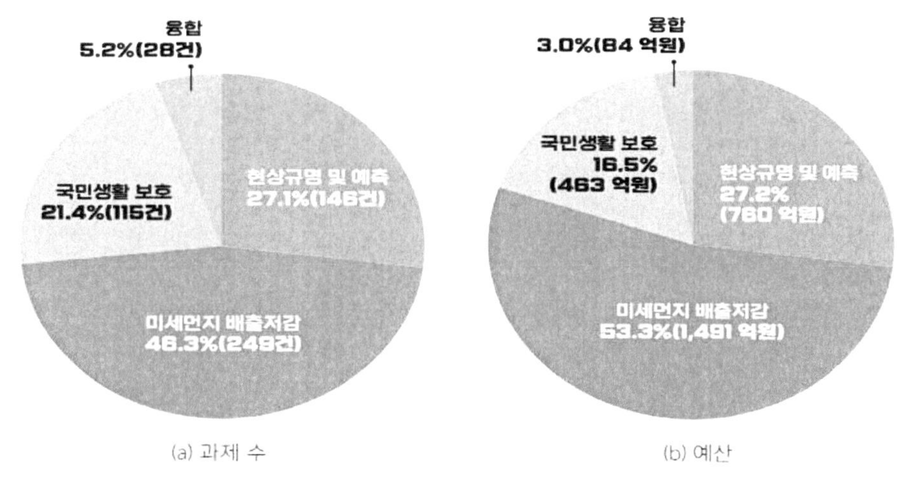

그림 54 한국 미세먼지 R&D 과제의 대분류별 분포 현황

10개의 중분류 중 상위 5개의 중분류별 R&D 과제 수 및 예산의 현황을 살펴보면, 과제 건수는 고정오염원 배출저감(19.9%), 현상 진단 및 측정/조사(15.8%), 도로 이동오염원 배출저감(15.6%), 융합(8.6%) 순으로 높게 조사되었으며, 예산 기준으로는 고정오염원 배출저감(24.1%), 도로 이동오염원 배출저감(18.2%), 현상 진단 및 측정/조사(16.6%), 비산먼지 저감(7.0%) 순으로 투자되었다.

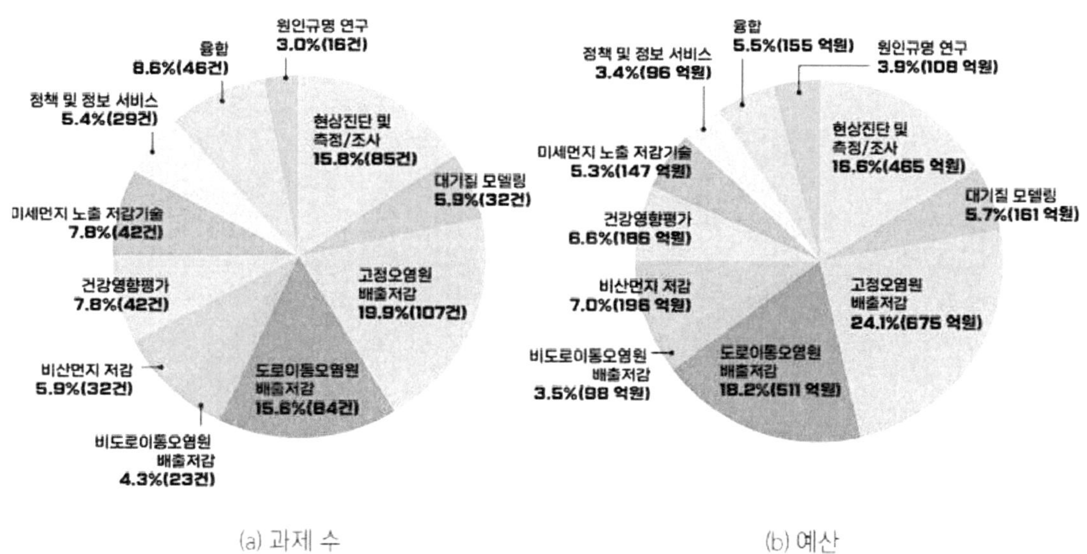

그림 55 한국 미세먼지 R&D 과제의 중분류별 분포현황/ 미세먼지인사이트

2016년 이후 R&D 과제 건수는 연평균 27.8%, 예산은 연평균 39.4%로 지속적으로
증가하고 있으며, 최근 '국민생활 보호' 분야의 경우 예산이 매년 큰 폭으로 증가하고
있다.[36]

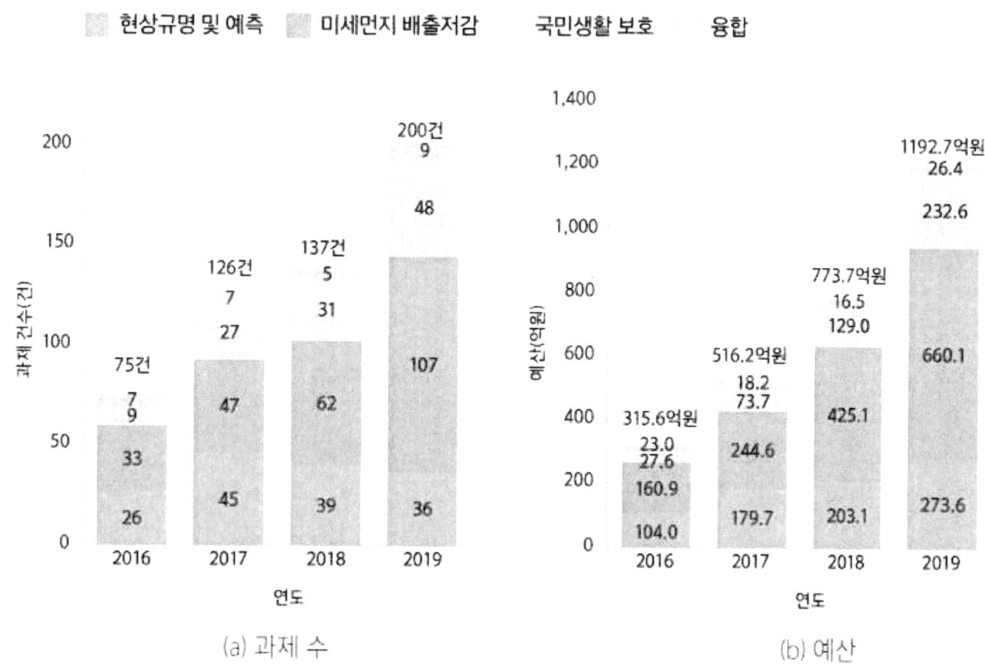

그림 56 한국 미세먼지 R&D의 대분류별, 연도별 추이/미세먼지인사이트

과학기술정보통신부는 2020년 6월 '과기정통부 미세먼지 R&D 추진전략(2020~2024
년)'을 수립했다고 밝혔다. 이 전략은 지난 2019년 11월 관계부처 합동으로 수립한
'미세먼지 관리 종합계획'의 과기정통부 소관사항을 이행하기 위해 수립됐으며 미세먼
지 문제해결을 위한 과학적 사실·근거와 원천기술을 제공하는 것을 목표로 하고 있다.

그동안 단기적으로 성과를 낼 수 있는 배출저감 기술개발 위주로 진행된 정부 R&D
투자방식에서 벗어나 장기적으로 미세먼지 문제의 근본적인 해결방안을 도출해내기
위한 원인규명 기초연구에 집중 투자한다.

기존 미세먼지 범부처 프로젝트 사업에서 진행됐던 미세먼지의 생성과정 규명 연구
를 이어가고 그동안 투자가 미비했던 물리·화학적 특성과 고농도 미세먼지 지속현상
원인도 규명할 계획이다.

또한 우리나라 연구자 주도로 동북아지역의 여러 국가 연구자들이 참여하는 국제공
동연구 과제를 추진하고 연구자 간 지속적인 협력을 위한 네트워크도 구축할 예정이

---

36) 주요국 및 우리나라 미세먼지 정책 및 R&D 추진현황/ 미세먼지인사이트

다. 이와 같은 연구수행을 위해 올해 신규 사업인 '동북아-지역 연계 초미세먼지 대응 기술개발 사업'이 출범할 예정이다.

 미세먼지 정책의 신뢰도를 향상시키기 위해서는 측정, 예보, 배출량 정보의 정확성과 실시간성을 향상시킬 수 있는 R&D가 뒷받침돼야한다.

 지상측정뿐만 아니라 지난 2월 성공적으로 발사한 미세먼지 관측위성 천리안 2B호와 항공기를 활용해 미세먼지를 입체적으로 관측할 수 있도록 위성 데이터처리 알고리즘과 항공관측기법 등을 개발할 예정이다.

 또한 우리나라의 고도화된 정보통신기술(ICT) 기반을 활용해 정부와 통신사 등 민간기업의 데이터를 연계한 3차원 미세먼지 공간분포측정 기술을 개발하고 위성·항공기·지상 등에서 관측한 데이터를 통합, 제공하는 데이터플랫폼 고도화, 인공지능 활용 예보 모델 고도화 등을 추진한다. 이와 함께 위성으로 측정한 미세먼지 농도를 통해 배출량을 추정하는 기법 등을 개발해 기존의 국가공인 배출량 자료를 보완하고 배출량 정보의 신뢰도를 높이는데 기여한다는 방침이다.[37]

 지난 2016년부터 2020년까지 정부 미세먼지 R&D 투자액 약 5,500억 원 중 배출 저감 분야 투자액은 3,330억 원(59%), 원인규명 분야 투자액은 109억 원(2%) 등 그 간 단기적으로 성과를 낼 수 있는 배출 저감 기술개발 위주로 진행된 정부 R&D 투자 방식에서 벗어나, 장기적으로 미세먼지 문제의 근본적인 해결방안을 도출해내기 위한 원인규명 기초 연구에 집중 투자한다.

 기존 미세먼지 범부처 프로젝트 사업에서 진행됐던 미세먼지의 생성 과정 규명 연구를 이어가고, 그 동안 투자가 미비했던 물리·화학적 특성과 고농도 미세먼지 지속 현상 원인도 규명할 계획이다.

 '동북아-지역 연계 초미세먼지 대응 기술개발 사업'은 올해 45억원, 2024년까지 총 458억 원이 투입된다. 동북아 연구자간 국제협력연구를 통해 한국형 초미세먼지 관리 시스템을 마련하고, 지역별 초미세먼지 문제를 해결하기 위한 지역 맞춤형 통합관리 기술개발을 목적으로 초미세먼지 입자의 물성연구, 고농도 현상규명, 국제협력 연구 강화 등을 위한 △현상규명, △중기예보, △중장기 전망, △지역 맞춤형 관리 등 4개 분야로 구성된다. 8월 중 연구가 개시될 계획이다.[38]

---

37) 과기정통부, 미세먼지 원인규명 R&D 추진전략 발표/ 국토매일
38) 정부, 2020~2024년 미세먼지 R&D 전략 발표… 3가지 추진방안은?/ 산학뉴스

나. SCI 논문

최근 3년('15~'17) 간 미세먼지 대응 분야 SCI논문 게재건수는 총 9,260건이며, 지속적으로 증가하는 추세를 보이고 있다. '17년도 미세먼지 대응 분야 SCI논문 건수는 3,959편으로 전년(3,132편)대비 26.4% 증가했다. 최근 3년 간 미세먼지 대응 분야 SCI논문 건수는 연평균 35.1% 증가했다.

최근 3년 간 총 107개국(최소 1편 이상인 국가를 대상, 1저자 기준)에서 미세먼지 대응 분야 SCI논문을 게재하고 있으며, 중국과 미국이 총 게재건수의 49.5%를 차지하고 있다. 그 중에서도 중국이 미세먼지 대응 분야에 SCI논문을 가장 많이 게재(29.9%)하고 있으며, 그 다음으로 미국(19.6%), 인도(3.8%), 이탈리아(3.5%), 한국(3.1%) 등의 순으로 나타났다.

한국은 미세먼지 대응 분야 SCI논문 게재건수 세계 5위(3.1% 점유)이며, 최근 3년 간 연평균 27.7%로 증가 추세를 보이고 있다.

	2015년	2016년	2017년	총합계('15~'17)	
				건수	점유율
중국	562	897	1,308	2,767	29.9
미국	452	617	748	1,817	19.6
인도	88	139	129	356	3.8
이탈리아	85	112	128	325	3.5
한국	75	91	124	290	3.1
일본	48	95	103	246	2.7
캐나다	52	88	95	235	2.5
독일	62	78	90	230	2.5
대만	56	83	91	230	2.5
영국	53	85	89	227	2.5

[표 20] 상위 10개국의 미세먼지 대응 분야 SCI 논문 게재 건수 (건, %)

	2015년		2016년		2017년		총합계('15~'17)	
	건수	피인용 건수	건수	피인용 건수	건수	피인용 건수	건수	피인용 건수
중국	562	7,525	897	7,054	1,308	3,168	2,767	17,747
미국	452	5,439	617	4,551	748	1,987	1,817	11,977
인도	88	614	139	649	129	236	356	1,499
이탈리아	85	828	112	712	128	254	325	1,794
한국	75	575	91	353	124	181	290	1,109
일본	48	393	95	382	103	144	246	919
캐나다	52	720	88	892	95	229	235	1,841
독일	62	1,078	78	573	90	209	230	1,860
대만	56	534	83	437	91	151	230	1,122
영국	53	703	85	573	89	240	227	1,516

[표 21] 상위 10개국의 미세먼지 대응 분야 SCI논문 게재건수 및 피인용 건수(건)

최근 3년 간 총 2,423개(최소 1편 이상인 연구기관을 대상, 1저자 기준) 연구기관에서 미세먼지 대응 분야에 SCI논문을 발표하고 있으며, 중국과학원에서 가장 많이 게재하고 있다. 한국은 서울대학교가 세계 13위(0.5% 점유)로 가장 많은 SCI논문을 게재하고 있다.

미세먼지 대응 분야 SCI논문의 55%는 현상규명 및 예측 분야에서 발표되고 있는데, 최근 3년 간 게재된 SCI논문 중 미세먼지 현상규명 및 예측 분야는 총 5,089편이 발표되었으며, 이 중 현상진단 및 측정조사 논문의 비중이 가장 높다.

미세먼지 건강영향평가 및 미세먼지 원인규명 연구의 SCI논문 게재건수는 각각 2,604편 및 1,160편으로 상대적으로 높은 비중을 차지하고 있으며, 미세먼지 배출저감 분야는 기술의 특성 상 특허출원 등을 통한 지식재산권 확보가 상대적으로 중요한 분야이므로 타 분야(현상규명 및 예측, 국민생활 보호)에 비해 SCI논문이 차지하는 비중이 낮다.

구분		2015년	2016년	2017년	총건수 ('15~'17)	증가율 ('15~'17)
현상규명 및 예측	원인규명 연구	333	349	478	1,160	19.8
	현상진단 및 측정조사	634	1,173	1,375	3,182	47.3
	대기질 모델링	197	229	321	747	27.6
	소계	1,164	1,751	2,174	5,089	36.7
미세먼지 배출저감	고정오염원 배출저감	34	65	107	206	77.4
	도로 이동오염원 배출저감	82	71	116	269	18.9
	비도로 이동오염원 배출저감	11	14	21	46	38.2
	비산먼지 저감	20	23	29	72	20.4
	소계	147	173	273	593	36.3
국민생활 보호	건강영향평가	633	888	1,083	2,604	30.8
	미세먼지 노출 저감기술	166	195	250	611	22.7
	정책 및 정보 서비스	59	125	179	363	74.2
	소계	858	1,208	1,512	3,578	32.7
합계		2,169	3,132	3,959	9,260	35.1

[표 22] 미세먼지 대응 분야별 SCI논문 게재건수 (억 원, %)

미세먼지 대응 분야 SCI논문을 가장 많이 발표하는 중국과 미국이 모든 분야에서 상위권을 유지하고 있으며, 한국은 미세먼지 배출저감 분야의 SCI논문 게재비중이 상대적으로 높다.

미세먼지 현상규명 및 예측 분야의 국가별 SCI논문 게재 순위는 중국, 미국, 인도, 이탈리아 등이며, 한국은 국가별 평균(5위)보다 낮은 세계 7위를 차지하고 있다. 미세먼지 배출저감 분야는 중국, 미국, 한국, 영국, 인도 등의 순이며, 한국은 국가별 평균(5위)보다 높은 세계 3위를 차지하고 있다.

국민생활보호 분야는 중국, 미국, 이탈리아, 캐나다, 대만 등의 순이며, 한국은 국가별 평균(5위)과 유사한 세계 6위를 차지했다. 미세먼지 대응기술별 투자비중이 높은 현상진단 및 측정조사, 실내 미세먼지 노출 저감기술, 고정오염원 배출저감기술의 한국 순위는 각각 세계 6위, 3위 및 4위에 올랐다.

미세먼지 대응기술별 투자비중이 낮은 원인규명 연구, 정책 및 정보서비스, 건강영향
평가는 한국이 각각 세계 5위, 11위 및 7위를 차지했다.

구분	현상규명 및 예측	미세먼지 배출저감	국민생활보호
1위	중국	중국	중국
2위	미국	미국	미국
3위	인도	한국	이탈리아
4위	이탈리아	영국	캐나다
5위	일본	인도	대만
6위	프랑스	대만	한국
7위	한국	이탈리아	일본
8위	독일	독일	영국
9위	스페인	스페인	독일
10위	영국	호주	인도

[표 23] 미세먼지 대응 분야별 상위 10개국의 SCI논문 게재건수

다. 연구 주제 변화

미세먼지 오염원 특성분석 및 위해성 연구 등은 지속적으로 추진 중이며, 대형 배출원 및 황사 연구는 최근 감소한 반면 도심지역 배출 특성 연구가 확대되고 있다. 연구 키워드로 'PM10' 및 'NH3'이 신규 등장하고 있으며, 황사 및 화력발전은 연구주제 비중이 낮아지고 있다.

연구토픽 ('15년)	주요 키워드	연구토픽 ('17년)	주요 키워드
이동오염원 (자동차) 배출 오염원 특성	vehicle, engine, fuel, diesel, carbon monoxide, load, NOx, exhaust, combustion, carbon	이동오염원 (자동차) 배출 오염원 특성	vehicle, NOx, carbon monoxide, pas, fuel, combustion, engine, diesel, exhaust, stove
유해 대기오염물질 위해성	risk, mortality, NO_2, age, child, disease, lung, hospital, birth, asthma	유해 대기오염물질 위해성	PM_{10}, disease, year, NO_2, risk, mortality, death, age, lung, cancer
미세먼지 예측 모델링	simulation, observation, AOD, quality, aerosol, prediction, resolution, monitoring, performance, surface	미세먼지 예측 모델링	monitoring, prediction, NO_2, uncertainty, paper, NH_3, performance, use, resolution, inventory
미세먼지 독성 평가	cell, lung, expression, DNA, inflammation, mouse, mechanism, stress, ROS, gene	미세먼지 독성 평가	inflammation, gene, mechanism, DNA, cell, lung, expression, mouse, stress, pathway
실내 공기질 관리	traffic, school, quality, UFP, road, ventilation, child, indoor, building, monitoring	실내 공기질 관리	dust, school, ventilation, house, phosphate, office, building, child, indoor, flame
대기질과 미세먼지 모니터링	quality, impact, carbon monoxide, use, sulfur dioxide, city, fuel, cost, control, standard	미세먼지 이동 및 예측	surface, cloud, observation, climate, dust, AOD, layer, depth, transport, deposition
장거리 이동 특성	aerosol, china, haze, summer, carbon, beijing, transport, component, sulfate, ion	장거리 이동 특성	china, city, transport, summer, wind, sulfur dioxide, haze, haze, beijing, PM_{10}, control
미세먼지 2차 생성원인 및 기작 규명	water, process, size, aerosol, efficiency, surface, reaction, deposition, acid, oxidation	미세먼지 생성원인	size, efficiency, deposition, gas, temperature, diameter, distribution, process, surface, removal
대형 배출원 (발전소 등) 미세먼지 배출특성	PAH, coal, metal, combustion, wood, fust, risk, burning, biomass, hydrocarbon	미세먼지 화학적 조성 진단	mass, carbon, formation, composition, ion, biomass, chemical, specie, acid, sulfate
황사	soil, wind, dust, surface, deposition, desert, storm, mineral, house, dust	도심지역 미세먼지(비산먼지) 배출특성	metal, dust, PM_{10}, city, soil, hydrocarbon, PAH, traffic, risk, road

[그림 57] 미세먼지 대응 분야 연구토픽 및 주요 키워드

한국은 미세먼지 대응 전 분야에 대해 연구를 추진 중인 반면, 중국은 미세먼지 배출저감 분야보다는 현상 진단 및 위해성 평가에 집중하고 있다. 한국은 중국에서 발생된 미세먼지가 국내에 끼치는 영향을 연구하는 장거리 미세먼지 특성연구와 지하철, 터널 등 실내 대기오염 연구를 수행 중인 반면, 중국은 한국과 달리 황사 관련 연구주제가 도출되고 있다.

국가	연구토픽('15~'17)	주요 키워드
한국	미세먼지 저감 연구	control, catalyst, smoking, performance, gas, dust, ventilation, plant, removal, material
	고농도 장거리 미세먼지 특성연구	aerosol, dust, mass, china, carbon, transport, correlation, composition, spring, component
	이동오염원(자동차) 발생 미세먼지 연구	vehicle, engine, fuel, diesel, combustion, injection, NOx, test, size, exhaust
	실내 대기오염 특성 및 위해성 평가	dust, exposure, subway, efficiency, child, tunnel, ventilation, school, collection, surface
	유해 대기오염물질 위해성 평가	exposure, model, NO2, risk, disease, mortality, cell, carbon monoxide, temperature, monitoring
중국	미세먼지 독성 기작 연구	efficiency, cell, lung, mechanism, expression, exposure, pathway, process, mouse, removal
	미세먼지 2차 생성 현상규명	summer, formation, carbon, haze, size, ion, sulfate, beijing, chemical, component
	유해 대기오염물질 위해성 평가	risk, exposure, cancer, disease, PM10, mortality, lung, NO2, year, child
	이동오염원(자동차) 발생 미세먼지 연구	metal, combustion, coal, dust, gas, fuel, vehicle, PAH, hydrocarbon, diesel
	황사	city, beijing, dust, PM10, AOD, control, wind, surface, correlation, impact

[표 24] 미세먼지 대응 분야 한국과 중국의 주요 연구토픽 ('15~'17)

라. 시민인식 조사

　시민들은 우리나라에서 발생되고 있는 미세먼지 문제에 대해 대부분이 심각하다고 생각하고 있으며, 이를 위해 충분한 시간이 주어질 경우 어느 정도 해결이 가능할 것이라 기대하고 있다.

　시민들은 우리나라 미세먼지 문제에 대해 '심각하다(80%)' 및 '매우 심각하다(20%)'고 인식하고 있고, 우리사회의 미세먼지 문제 해결정도는 '약간 해결'이 전체의 50%를 차지하고 있으며, 많이 해결(30%), 보통(20%) 등의 순으로 조사되었다.

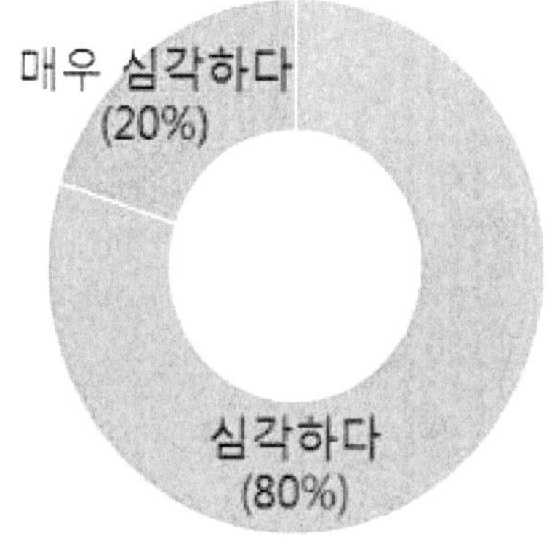

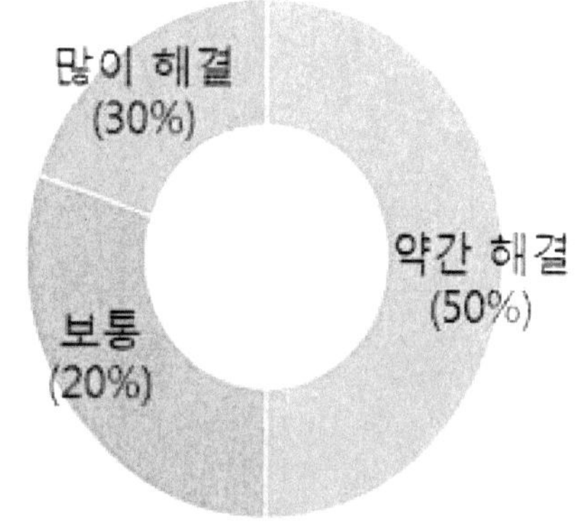

[그림 58] 우리나라 미세먼지 문제의 심각성	[그림 59] 우리사회의 미세먼지 문제 해결 정도

　최근 과학기술에 기반한 미세먼지 대응 정책을 발표하였음에도 불구하고 응답자의 80%가 잘 모르고 있으나, 과학기술적 해법 제시에 대한 기대치는 높다. 정부가 발표한 과학기술을 활용한 미세먼지 문제 해결 정책에 대해 전체의 60%는 '들어본 적 있으나 잘 모른다'라고 응답하였으며, 20%는 '들어본 적 없다'라고 응답했다.

　미세먼지 문제 해결에 있어 과학기술 역할에 대해서는 '조금 높음(60%)', '매우 높음(20%)', '보통(20%)' 등의 순으로 나타났다.

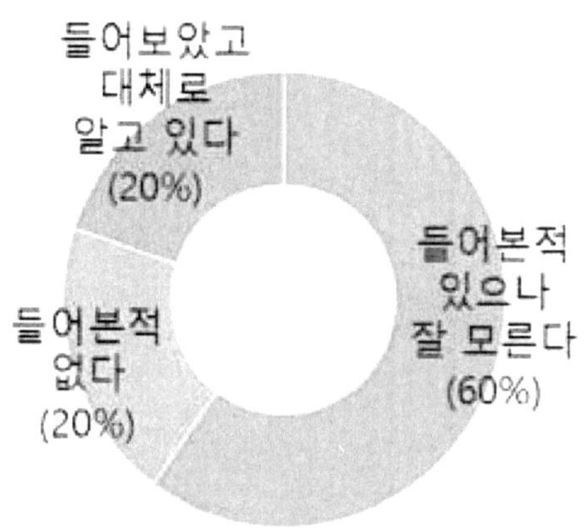

[그림 60] 과학기술을 활용한 미세먼지
문제 해결 정책

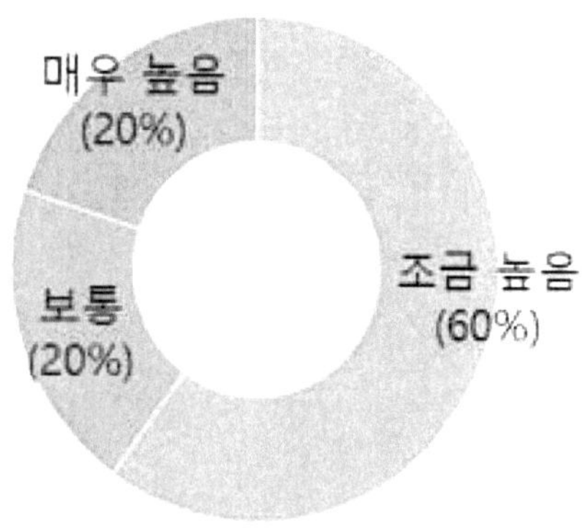

[그림 61] 미세먼지 문제 해결에
있어 과학기술의 역할

　미세먼지 대응 R&D에 대한 투자확대 필요성은 높으나, 정부 대응방안의 신뢰도는
아주 높지 않은 것으로 나타났다. 미세먼지 대응 R&D 투자확대와 관련하여 응답자의
70%가 필요하다고 제시했고, 일반시민들의 50%는 미세먼지 문제 해결을 위해 정부
또는 지자체가 관심을 가지고 있다고 판단했다.

　정부의 미세먼지 대응을 위한 과학기술적 대응방안 신뢰도는 50% 수준이며, 정부
노력에 대한 만족도는 50% 수준에 그쳤다.

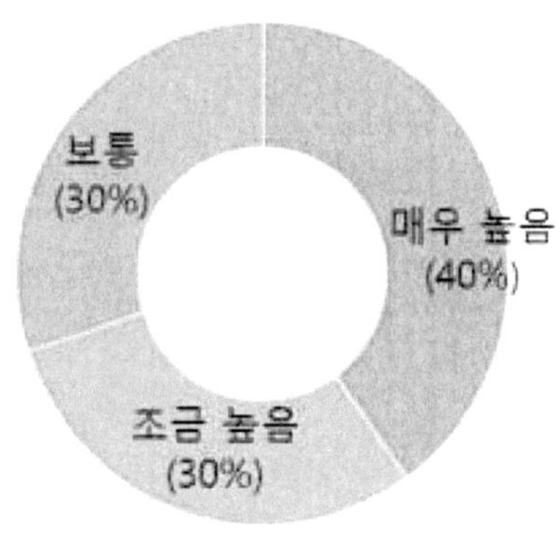

[그림 62] 미세먼지 연구개발
투자확대의 필요성

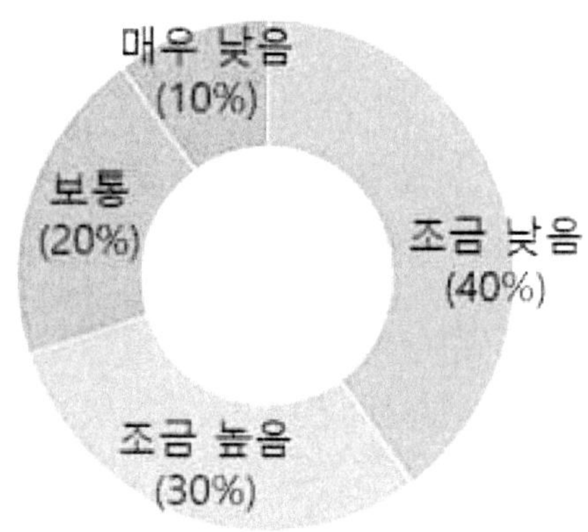

[그림 63] 정부의 미세먼지 대응을 위한
과학기술적 대응방안의 신뢰도

마. 언론 트렌드 분석

미세먼지 이슈는 2014년부터 증가세를 보이다 2016년부터 폭발적으로 증가하였으며, 계절적 요인이 점차 사라지고 있다. 신문사, 방송사, 지역 종합지 등 총 48개 언론사의 기사 중 '미세먼지'와 관련 있는 내용은 지난 10년 간 총 6,918건으로 검색되었다.

2008년부터 2013년까지는 거의 보도되지 않다가 2014년부터 보도되기 시작하였으며, 특히 미세먼지 예보가 시작된 이후 시점인 2016년을 기점으로 기사 건수가 이전보다 4배 가까이 증가하기 시작하여 최근까지 이어지는 경향을 보였다.

미세먼지 문제는 과거 겨울과 봄철에 이슈화되었으나, 최근에는 여름 및 가을에도 국민들의 관심이 고조되고 있다.

지난 10년 간 미세먼지와 관련된 주요 키워드로는 '중국', '수도권', 'PM10', '국립환경과학원', '환경부', '주의보', '호흡기', '중국발 스모그' 등이다.

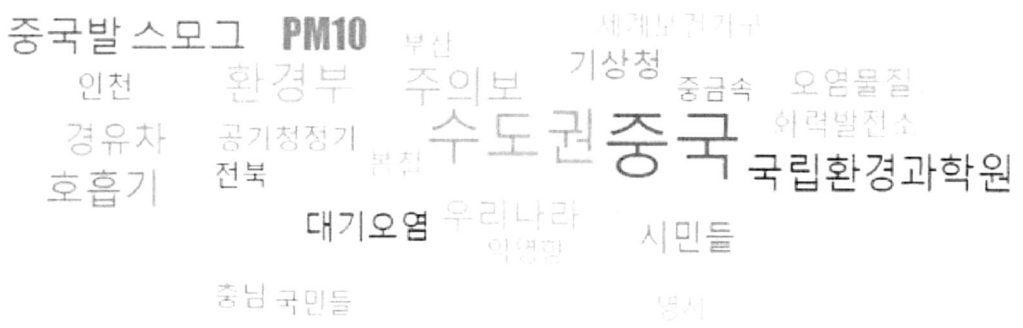

[그림 64] 최근 10년간 미세먼지 관련 주요 키워드('08~'17)

기간별로 3년씩 나누어 보면 첫 번째 구간인 2009년~2011년에는 '황사주의보'가 가장 많이 언급된키워드로 나타났으며, 이 시기만 해도 황사와 미세먼지의 구분에 대한 인식이 명확하지 않았던 것으로 보인다.

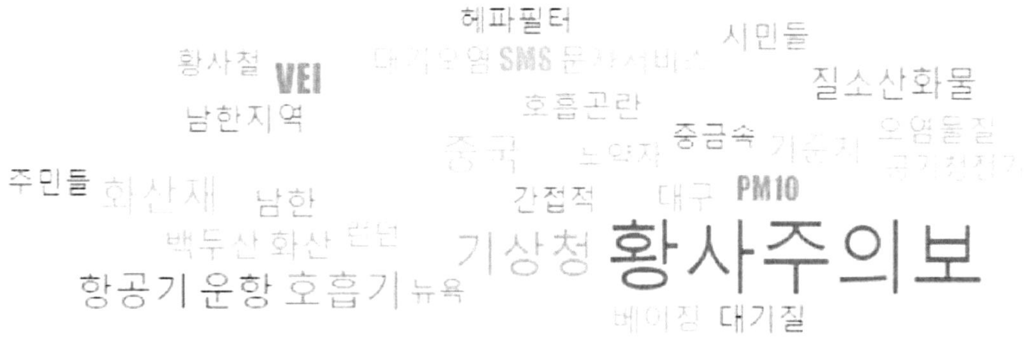

[그림 65] 기간별 미세먼지 관련 주요 키워드 ('09~'11)

2012년~2014년 구간에서는 '중국'이 미세먼지와 관련된 가장 주요한 키워드로 부상
했으며, '중국'은 전체 구간에서도 가장 주요한 키워드로 나타났다.

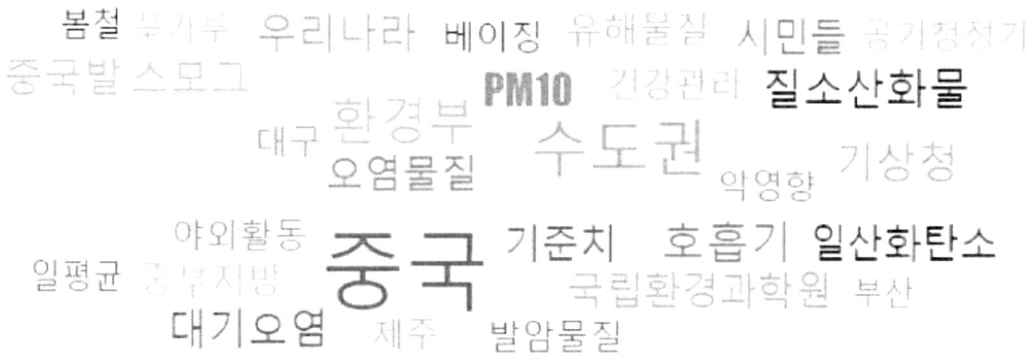

[그림 66] 기간별 미세먼지 관련 주요 키워드 ('12~'14)

2015년~2017년 구간에서는 '수도권'이 주요 키워드로 나타났으며, 이는 대중들의 관
심이 실질적인 삶의 질 측면으로 옮겨간 것으로 판단된다.

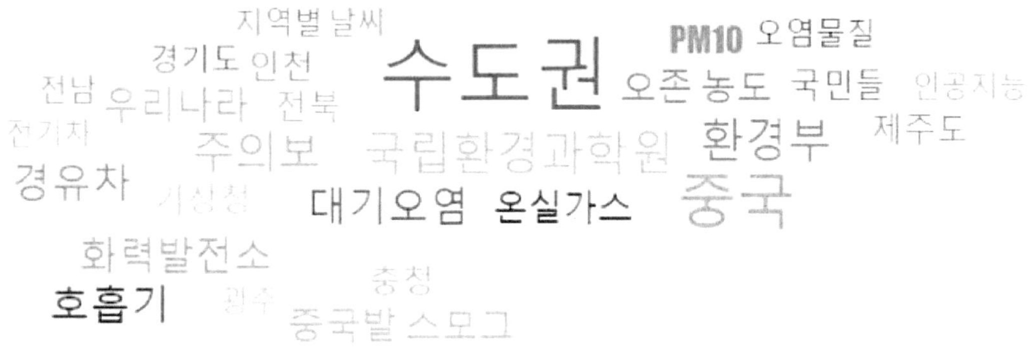

[그림 67] 기간별 미세먼지 관련 주요 키워드 ('15~'17)

‘중국’, ‘수도권’, ‘대기오염’, ‘주의보’, ‘환경부’ 등은 미세먼지 관련 키워드와 동일하였으나, ‘기준치’, ‘지름2.5’, ‘유해물질’, ‘호흡기’ 등 인체위해성과 관련된 키워드의 빈도가 높았다.

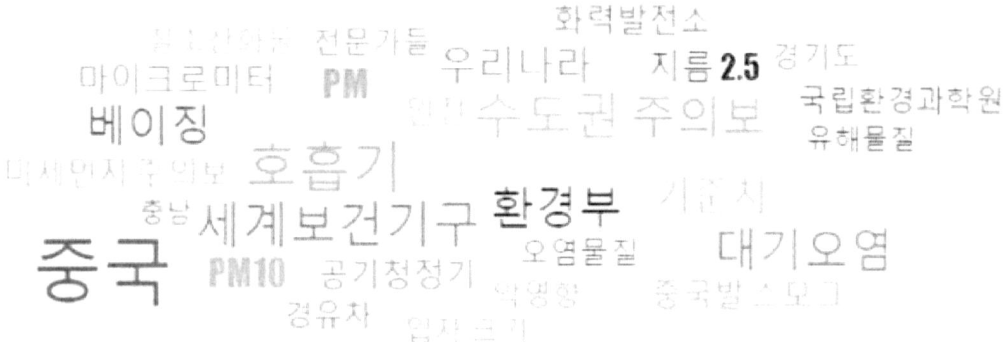

[그림 68] 최근 10년 간 초미세먼지 관련 주요 키워드 (‘08~’17)

초미세먼지 관련 기사가 본격적으로 보도되기 시작한 구간인 2012년~2014년에는 ‘중국’이 관련 키워드 중 가장 큰 비중을 차지하였으며, ‘지름 2.5’, ‘폐포’, ‘심혈관계질환’ 등 초미세먼지와 관련된 개념들이 보도되기 시작했다.

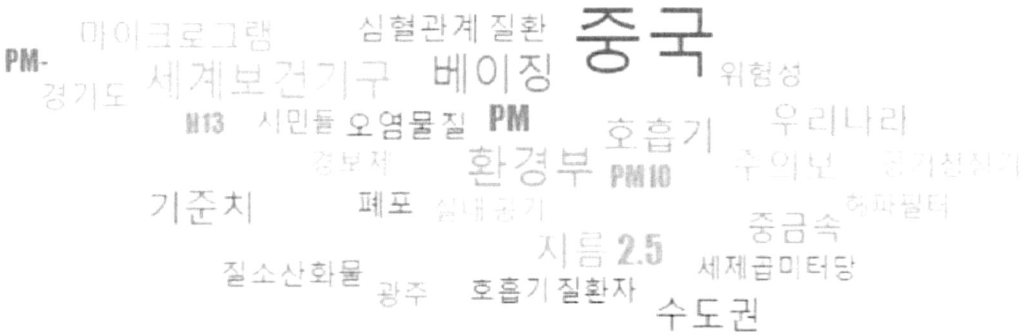

[그림 69] 초미세먼지 관련 주여 키워드 (‘12~’14)

2015년~2017년에는 ‘호흡기’, ‘주의보’, ‘수도권’ 등 원인 규명보다는 실제적인 대응과 관련된 키워드들이 강세를 보였으며, ‘인천’, ‘충남’ 등 지역 관련 키워드들도 나타난 것으로 보아 초미세먼지와 관련된 관심이 지역단위로 세분화되어있다.

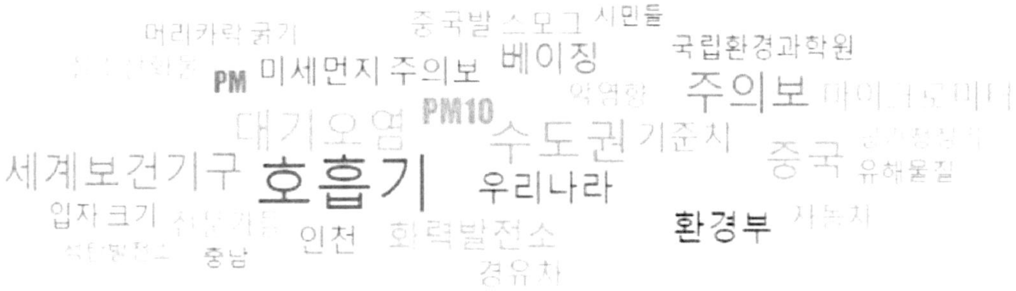

[그림 70] 초미세먼 관련 주요 키워드 변화 ('15~'17)

9. 참고문헌

[1] 미세먼지, 도대체 뭘까?, 환경부, 2016.04
[2] 환경 모니터링 시장, 연구개발특구진흥재단, 2017.10
[3] 중소기업 기술 로드맵 2019~2021
[4] 중소기업 전략기술로드맵 2016-2018
[5] 위닉스, 윤주호, 2018.03.29., 메리츠종금
[6] 중국 의류건조기 시장 동향, 박지원, 2019.04.02., KOTRA
[7] 미세먼지가 몰고 온 마스크 전성시대, 특허청
[8] 미세먼지 저감 기술 동향, ETRI, 2019
[9] 미세먼지 기술동향, 2018.11, 과학기술일자리진흥원
[10] 정부도 미세먼지 R&D 박차.. 최근 5년.../ 동아일보
[11] 미세먼지 인사이트 2021.04
[12] 삼성 LG만 있는 거 아닙니다…이 공기청정기는 어떤가요/ 매일경제
[13] 미세먼지종합대책/ 대한민국 정책브리핑

초판 1쇄 인쇄 2019년 5월 17일
초판 1쇄 발행 2019년 5월 27일
개정판 발행 2021년 8월 16일

편저 ㈜비피기술거래
펴낸곳 비티타임즈
발행자번호 959406
주소 전북 전주시 서신동 832번지 4층
대표전화 063 277 3557
팩스 063 277 3558
이메일 bpj3558@naver.com
ISBN 979-11-6345-306-2(13450)
가격 66,000원

이 도서의 국립중앙도서관 출판예정도서목록(CIP)은 서지정보유통지원시스템 홈페이지
(http://seoji.nl.go.kr)와 국가자료공동목록시스템(http://www.nl.go.kr/kolisnet)에서 이용하
실 수 있습니다.